H. J. Blaß, M. Frese, H. Kunkel, P. Schädle

Brettschichtholz aus acetylierter Radiata Kiefer

Titelbild: Schnittholz und Brettschichtholz aus acetylierter Radiata Kiefer,
Vollgewindeschraube aus nicht rostendem Stahl

BAND 25
Karlsruher Berichte zum Ingenieurholzbau

Herausgeber
Karlsruher Institut für Technologie (KIT)
Holzbau und Baukonstruktionen
Univ.-Prof. Dr.-Ing. Hans Joachim Blaß

Brettschichtholz aus acetylierter Radiata Kiefer

Gefördert vom Bundesministerium für Wirtschaft und Technologie
aufgrund eines Beschlusses des Deutschen Bundestages

H. J. Blaß
M. Frese
H. Kunkel
P. Schädle

Karlsruher Institut für Technologie (KIT)
Holzbau und Baukonstruktionen

Gefördert durch:

aufgrund eines Beschlusses
des Deutschen Bundestages

Forschungsberichte, Karlsruher Institut für Technologie (KIT)
Fakultät für Bauingenieur-, Geo- und Umweltwissenschaften 2013

Impressum

Karlsruher Institut für Technologie (KIT)
KIT Scientific Publishing
Straße am Forum 2
D-76131 Karlsruhe
www.ksp.kit.edu

KIT – Universität des Landes Baden-Württemberg und
nationales Forschungszentrum in der Helmholtz-Gemeinschaft

KIT Scientific Publishing 2013
Print on Demand

ISSN 1860-093X
ISBN 978-3-7315-0007-0

1 Einleitung

Die Dauerhaftigkeit von Holzbauten ist angesichts der Nutzungszeit, einer bauwerksabhängigen Planungsgröße zwischen 15 und 50 Jahren, ein zentraler Entwurfsaspekt. Dieser umfasst die spezifische Nutzung, Umweltbedingungen, natürliche Dauerhaftigkeit von Holz, Instandhaltung und den baulichen Holzschutz. Bei einem sinnvoll aufeinander abgestimmten Zusammenspiel dieser Parameter werden Holzbauten länger als vorgesehen ihren Zweck erfüllen. Die Wirklichkeit ist jedoch häufig anders. Aus vielfältigen Gründen, vor allem aber wegen unzureichendem baulichem Holzschutz von Bauteilen aus Nadelholz, überdauern Holzbauten oder deren Teile die ihnen zugedachte Nutzungszeit häufig nicht. Wettbewerbsnachteile sind die Folge. Das seit etwa 140 Jahren bekannte Acetylieren von Zellulose [1], bei dem in der Zellulose vorhandene Hydroxy- durch Acetylgruppen ersetzt werden, ist verfahrenstechnisch auf Furniere [2] bzw. Schnittholz [3] anwendbar und bewirkt eine drastisch herabgesetzte Holzfeuchte hinsichtlich des hygroskopisch gebundenen Wassers. Diese bleibt auch bei Klimaschwankungen weitgehend stabil. Ein gehemmtes Schwinden und Quellen sowie eine Resistenz gegen Pilze und Insekten sind Vorteile des Acetylierens. Die Verwendung von acetyliertem Holz ist vergleichbar mit derjenigen von natürlich dauerhaften Holzarten, relativiert folglich die Bedeutung des baulichen Holzschutzes bzw. der Instandhaltung und stellt schließlich einen Wettbewerbsvorteil für Holzbauten dar. Hier setzt die vorliegende Forschungsarbeit an. Innerhalb des „Zentralen Innovationsprogramms Mittelstand" schufen das Karlsruher Institut für Technologie (KIT) zusammen mit dem Projektpartner Schaffitzel Holzindustrie GmbH & Co. KG wissenschaftliche Grundlagen für eine zukünftig in Deutschland geltende baurechtliche Regelung von BS-Holz aus acetyliertem Nadelholz. Ein dafür geeignetes acetyliertes Brettmaterial ist seit einigen Jahren verfügbar [4] und wird, z. B. in den Niederlanden, bereits für frei bewitterte Straßenbrücken in Form von BS-Holz verwendet. Als ACCOYA® bekannt, handelt es sich um importierte **R**adiata **K**iefer, die in den Niederlanden **a**cetyliert wird (aRK). In der Forschungsarbeit war es die Aufgabe des KIT, mit experimentellen und theoretischen Ansätzen, Grundlagen für die Biegefestigkeit von BS-Holz aus aRK (ABSH) und für die Bemessung von Verbindungsmitteln zu schaffen. Der vorliegende Bericht umfasst in zwei Teilen die Ergebnisse des KIT. Der Teil *Biegefestigkeit von ABSH* beschreibt experimentelle Untersuchungen und darauf aufbauende statistische Analysen zur Weiterentwicklung eines Rechenmodells, mit dem Biegeversuche an ABSH computergestützt simuliert werden. Hierzu wurden an der Holzforschung München, im Rahmen der Forschungsarbeit beauftragt, über 300 Zug- und Druckversuche an kurzen Lamellenabschnitten durchgeführt. Die Vorarbeit und das numerische Ermitteln der Biegefestigkeit werden knapp dargestellt, weil die Lösungsansätze in jüngeren Forschungsarbeiten zur BS-Holz-Biegefestigkeit [5] - [8] bereits vorgezeichnet sind. Es werden dennoch alle Eingabedaten für das Rechenmodell diskutiert. Ausgerichtet ist der erste Teil auf den Abschnitt 2.4.3 *Festigkeitsklassen*. Darin sind Anforderungen an die Lamellen und Keilzinkenverbindungen für vier hinsichtlich des Aufbaus bzw. der mechanischen Eigenschaften unterschiedliche ABSH-Festigkeitsklassen definiert. Formale und technische Erfordernisse für eine baurechtliche Regelung hinsichtlich der physikalischen und mechanischen Eigenschaften sind dabei berücksichtigt. Der Teil *Tragfähigkeit stiftförmiger Verbindungsmittel* beschreibt Lochleibungs- und Ausziehversuche an in aRK bzw. ABSH eingebrachten stiftförmigen Verbindungsmitteln. Diese sind Nägel, Schrauben, Stabdübel und Gewindestangen. Ebenfalls dargestellt werden vergleichende Lochleibungs- und Ausziehversuche mit **u**nbehandelter **R**adiata **K**iefer (uRK) und aRK; entsprechende Ergebnisse beschreiben das infolge des Acetylierens veränderte Tragverhalten von ausgewählten Verbindungsmitteln. Ein weiteres Augenmerk gilt der ausgeprägten Neigung zum Spalten von aRK, die vor allem im Zusammenhang mit der künstlich herabgesetzten Holzfeuchte zu sehen ist. Mit Zugversuchen an Zug-Scher-Prüfkörpern, mehrere Scherflächen umfassend, werden systembedingte Einflüsse auf die Tragfähigkeit von Verbindungen aufgezeigt. Zum Zwecke einer baurechtlichen Regelung wird unter anderem eine Reihe von Festigkeitsmodellen für die Lochleibungsfestigkeit und den Ausziehparameter dargestellt. Diese Modelle sind aufgrund ihrer allgemein gültig gehaltenen Form für die Festlegung von spezifischen anwendungsbezogenen charakteristischen Festigkeitswerten geeignet.

2 Biegefestigkeit von ABSH

2.1 Untersuchungsmaterial und Methoden

Das Untersuchungsmaterial (ursprüngliche Holzart: Pinus radiata) umfasst insgesamt 707 Bretter. Es ist hinsichtlich der Verwendung für die Forschungsarbeit in das Ausgangs- und Vergleichsmaterial aufgeteilt. Das Ausgangsmaterial wurde in erster Linie im Sinne der Ermittlung der Biegefestigkeit von ABSH für Materialprüfungen und Versuchsträger verwendet. Das Vergleichsmaterial war die Grundlage für Untersuchungen, inwiefern das Acetylieren die Holzeigenschaften verändert; es wurde abschließend für Prüfkörper verwendet, mit denen die Tragfähigkeit stiftförmiger Verbindungsmittel untersucht wurde, vgl. Abschnitt 3.1.1. Die Hauptmerkmale des Untersuchungsmaterials sind in Tabelle 2-1 aufgeführt. Es stammte zu knapp zwei Dritteln aus Neuseeland und zu einem guten Drittel aus Chile. Bretter der Klasse A1 wiesen in der Regel vier und solche der Klasse A2 drei Seiten auf, die frei von Holzfehlern waren. Erläuterungen zu den Bezeichnungen A1 und A2 und Ausnahmen dieser Regel sind in den *Accoya Radiata Pine Lumber Grading Specifications* angegeben [9]. Zu dem aus Neuseeland stammendem Material vermittelt Bild 7-1 eine Vorstellung von der waldwirtschaftlichen Vorgehensweise bei der Aufforstung, Baumpflege und Holzgewinnung. Der größere Teil des chilenischen Materials, der als Ausgangsmaterial verwendet wurde, war nicht klassifiziert. Der kleinere Teil, der als Vergleichsmaterial vorgesehen war, trug eine C24-Markierung.

Tabelle 2-1   Hauptmerkmale des Untersuchungsmaterials

N (Bretter)	Herkunft	Klasse	Verwendung	Zustand
121	Neuseeland	A1	Ausgangsmaterial	acetyliert
307	Neuseeland	A2	Ausgangsmaterial	acetyliert
204	Chile	k. A.	Ausgangsmaterial	acetyliert
75	Chile	C24	Vergleichsmaterial	acetyliert/unbehandelt

Ausgangsmaterial (632 Bretter)

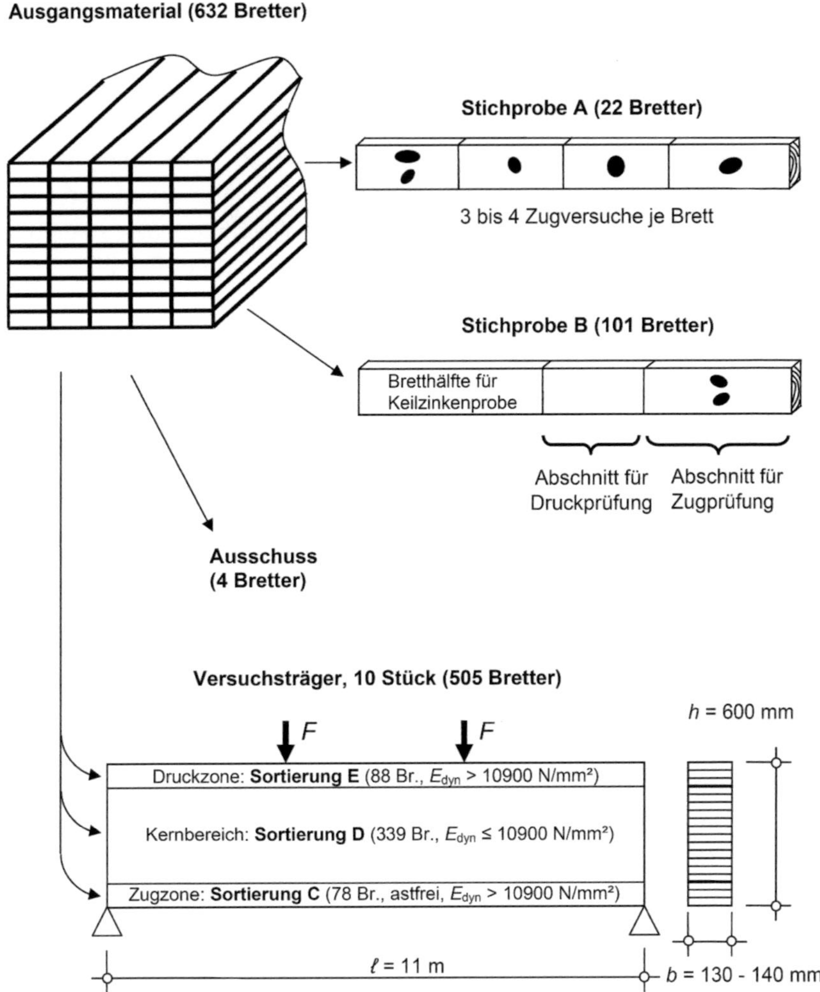

Bild 2-1   Ausgangsmaterial: Aufteilung für die Untersuchungseinheiten

Die 632 Bretter des Ausgangsmaterials (Hersteller: Titan Wood B.V.) wurden beim Projektpartner im April 2010 entnommen. Bild 2-1 zeigt eine Übersicht der Verteilung des Ausgangsmaterials auf die einzelnen experimentellen Untersuchungseinheiten. Am Ausgangsmaterial wurden die Bruttorohdichte, der dynamische Elastizitätsmodul und die Ästigkeit ermittelt. Das Vergleichsmaterial umfasst 75 halbierte Bretter aus Radiata Kiefer, von denen nur eine Hälfte acetyliert wurde (Bild 2-2). Es wurde von Titan Wood im Mai bzw. April 2010 für die Forschungsarbeit direkt zur Verfügung gestellt. Beim Vergleichsmaterial erfolgte das Ermitteln dieser Eigenschaften getrennt an den unbehandelten und acetylierten Bretthälften. In Darstellungen, Ausgangs- und Vergleichsmaterial gemeinsam umfassend, werden nur bei der Ästigkeit alle 707 Bretter berücksichtigt, weil diese für ein vormals ganzes Brett ohne nennenswerte Messfehler auch an zwei Hälften bestimmt werden kann. Werte der Bruttorohdichte und des dynamischen Elastizitätsmoduls, ermittelt an acetylierten Bretthälften, werden nicht mit den Werten des Ausgangsmaterials gemeinsam dargestellt.

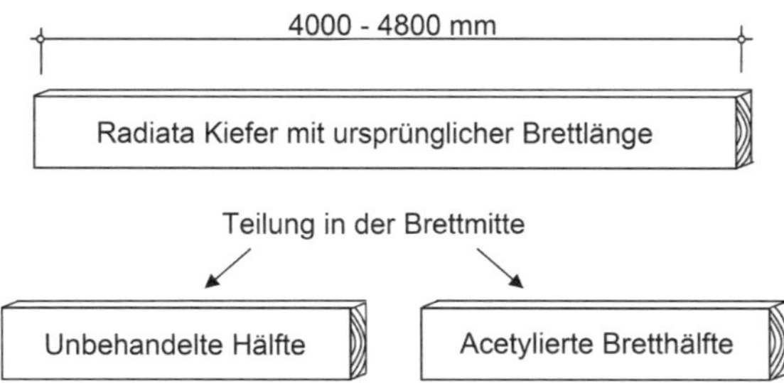

Bild 2-2   *Vergleichsmaterial: gepaarte, unbehandelte und acetylierte Bretthälfte*

2.1.1   Stichproben A und B

Die Stichprobe A wurde aus dem Ausgangsmaterial isoliert, um die Autokorrelation der mechanischen Eigenschaften innerhalb der Bretter bei Zugbeanspruchung zu beschreiben. Diese Autokorrelation wird, ohne geeignete Druckversuche durchgeführt zu haben, für die Autokorrelation bei druckbeanspruchten Brettern ersatzweise verwendet. Die Stichprobe B wurde isoliert, um die mechanischen Eigenschaften für 150-mm-Brettabschnitte unter Zug- und Druckbeanspruchung und für 150-mm-

Keilzinkenverbindungen unter Zugbeanspruchung zu ermitteln. Angesichts des unbedeutenden Einflusses von druckbeanspruchten Keilzinkenverbindungen auf die Biegefestigkeit von BS-Holz wurden im Versuchsprogramm keine Druckprüfungen an Keilzinkenverbindungen vorgesehen. Die einzelnen Bretter in den beiden Stichproben wurden folgendermaßen festgelegt: Die Bretter des Ausgangsmaterials wurden nach dem Wert des dynamischen Elastizitätsmoduls in aufsteigender Reihenfolge sortiert. Der Stichprobe A wurde jedes 29. und dann der Stichprobe B jedes 6. Brett aus der verbleibenden Menge zugeordnet. Diese systematische Auswahl sollte sicherstellen, dass beide Stichproben mit dem Umfang von 22 bzw. 101 Brettern zumindest hinsichtlich des Steifigkeitsspektrums mit dem Ausgangsmaterial kongruent sind. Alle Zug- und Druckversuche an Brettabschnitten und Keilzinkenverbindungen wurden an der Holzforschung München durchgeführt und ausgewertet.

2.1.2   Sortierungen C, D und E – Versuchsträger

Das restliche Material (505 Bretter) wurde nach der Ästigkeit und dem dynamischen Elastizitätsmodul für zehn Versuchsträger sortiert. Die Sortiergrenze von 10.900 N/mm² ist das Ergebnis einer iterativen Festlegung, so dass für die äußeren drei Lamellen der Zugzone jeweils astfreie Bretter und für die äußeren drei der Druckzone jeweils astbehaftete Bretter mit einem dynamischen Elastizitätsmodul größer 10.900 N/mm² vorlagen. Bretter mit einem dynamischen Elastizitätsmodul kleiner gleich 10.900 N/mm² wurden unabhängig von der Astgröße dem verbleibenden Kernbereich zugewiesen. Durch diese Aufteilung des um die Stichproben A und B reduzierten Ausgangsmaterials wurden Versuchsträger realisiert, die günstige mechanische Eigenschaften und einen wirtschaftlichen Aufbau aufweisen sollten. Sie erhalten die Bezeichnung E1, wobei der Buchstabe E in der Typenbezeichnung den experimentellen Zusammenhang kennzeichnet. In Abgrenzung dazu beginnen Typenbezeichnungen von Trägern, deren Tragfähigkeit simuliert wird, mit dem Buchstaben S. Die Brettflächen und Keilzinkenverbindungen wurden mit dem Resorzin-Phenol-Formaldehyd-Leim Aerodux 185 und dem Härter HRP 150 verklebt. Einen Eindruck von der Trägerherstellung vermitteln die Fotografien in Bild 7-2. Die Trägerprüfung erfolgte nach DIN EN 408 [22] mit einer Stützweite von $18h$. Der Bereich zwischen den Lasteinleitungen betrug $6h$ und die Messlänge zur Bestimmung des Biegeelastizitätsmoduls $5h$, s. Bild 2-3. Die Biegefestigkeiten der Versuchsträger werden für die Validierung von Simulationsergebnissen verwendet. Unabhängig davon kennzeichnen sie das Festigkeitsniveau von unsymmetrisch kombiniertem ABSH aus maschinell sortierten Lamellen.

Bild 2-3   4-Punkt-Biegeversuch an einem ABSH-Träger

2.1.3   Ausschuss

Weniger als 1 % des Ausgangsmaterials eignete sich aufgrund von Holzfehlern oder mechanischen Schäden nicht für die experimentellen Untersuchungseinheiten.

2.1.4   Vorhandene Prüfergebnisse über ABSH

Für einen Prüfauftrag [10] aus dem Jahre 2008 wurden zehn ABSH-Träger geprüft. Sie werden hier als Versuchsträger E2 bezeichnet. Die 600 mm hohen Träger waren aus 18 Lamellen aufgebaut. Die Bretter für die Lamellen stammten aus Neuseeland. Die Randlamellen, jeweils drei in der Zug- und Druckzone, wurden aus ast- und markfreien Brettern hergestellt. Diese Bretter sind – auch nach Auskunft des Brettherstellers Titan Wood – vergleichbar mit denjenigen der Anwendungssortierung A1. Sie durchliefen allerdings vor dem Acetylieren zusätzlich eine maschinelle Sortierung und wiesen nach dieser Sortierung einen dynamischen Elastizitätsmodul von mindestens 8000 N/mm² auf. Unter Berücksichtigung der in Abschnitt 2.2.2 dargestellten Zusammenhänge liegt der Mindestwert der acetylierten Bretter dann bei 7360 N/mm² (92 % von 8000 N/mm²). Auch hinsichtlich der Verteilung ihres dynamischen Elastizitätsmoduls entsprechen sie mit zwei Ausnahmen der Anwendungssortierung A1, vgl. Bild 7-4, o. Die Bretter im Kernbereich der Träger waren ebenfalls markfrei, wiesen aber Äste bis zu einem Durchmesser von 40 mm auf. Da zwischen den mittleren Elastizitätsmoduln der Rand- und Kernlamellen keine nennenswerten Unterschiede bestehen können, vgl. Bild 2-5, bleibt der Elastizitätsmodul des Kernbereichs ohne Einfluss auf die Größe der Randspannungen und muss daher in einer Simulation nicht gesondert repräsentiert werden. Insofern sind die im Sinne dieser Forschungsarbeit wertvollen Prüfergebnisse der Versuchsträger E2 geeignet, um simulierte Biegefestigkeiten von homogenem ABSH aus Brettern der Anwendungssortierung A1 zu validieren. Die Stützweite im Versuch nach DIN EN 408 betrug 15h, wobei der Bereich zwischen den Leisteinleitungen 6h und die Messlänge für die Ermittlung des Biegeelastizitätsmoduls 5h betrugen. Im Unterschied zur Auswertung der Biegeversuche im Prüfbericht wird für die hier erforderliche keine Korrektur des Bruchmoments durchgeführt, wenn der Biegebruch außerhalb der Lasteinleitungen eintritt. Eine solche Korrektur stünde im Widerspruch mit der programmierten Versuchsauswertung im Rechenmodell.

2.2   Ergebnisse zum Untersuchungsmaterial

2.2.1   Eigenschaften des Ausgangsmaterials

Die Beziehung zwischen dem dynamischen Elastizitätsmodul und der Bruttorohdichte ist für die Bretter aus Neuseeland und Chile fast identisch (Bild 2-4, o.) und das Niveau des Elastizitätsmoduls in der Beziehung zur Bruttorohdichte reduziert sich nur unwesentlich für astbehaftete Bretter „1" im Vergleich mit astfreien „0" (Bild 2-4, u.).

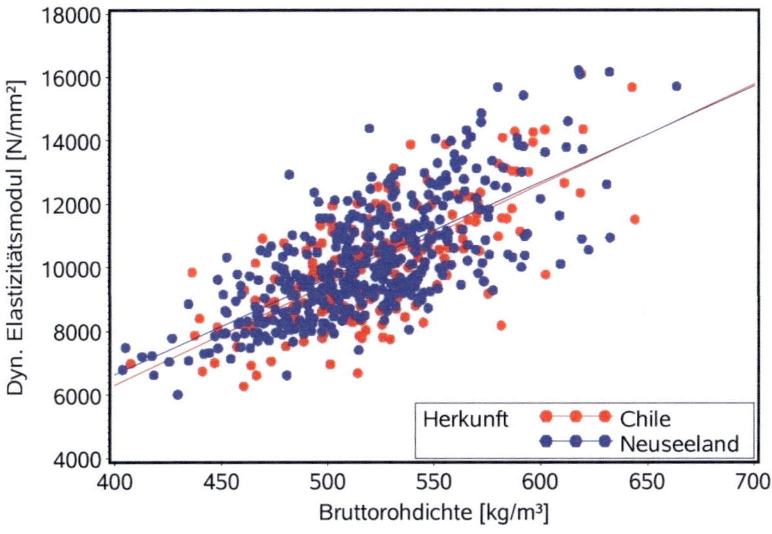

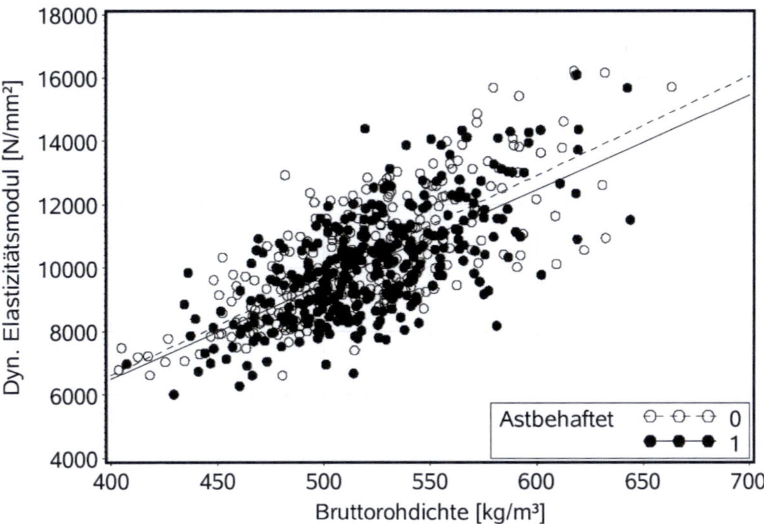

Bild 2-4   *Elastizitätsmodul und Rohdichte: Unterscheidung nach Herkunft (o.) und nach dem Vorhandensein von Ästen (u.)*

Hinsichtlich der Ästigkeit sind die Bretter aus Neuseeland und Chile grundverschieden. Die neuseeländischen Bretter besitzen bedeutsame astfreie Anteile und astbehaftete Bretter erfüllen weitgehend die Anforderungen an Äste für S10; die chilenischen besitzen Äste, deren *DEB*- und *DAB*-Werte zwischen 0,1 und 0,5 bzw. zwischen 0,1 und 0,9 liegen (Bild 2-5). Der Grund für diesen ausgeprägten Unterschied sind die spezifischen Anwendungssortierungen A1 und A2, die bereits das Ergebnis einer Sortierung vor allem nach der Ästigkeit darstellen. Hinzu kommt die in Neuseeland fallweise durchgeführte Astung der Radiata Kiefern in jungem Alter. Das Asten mit dem Ergebnis von hohen astfreien Anteilen bei den neuseeländischen Brettern führt allerdings nicht zu einem höheren Niveau des Elastizitätsmoduls. Die Verhältnisse zwischen den größten ermittelten *DEB*- und *DAB*-Werten im Vergleich mit den Grenzwerten der DIN 4074-1 [23] in Bild 2-6 belegen, dass die Ästigkeit des Ausgangsmaterials grundsätzlich verträglich ist mit dem Konzept der visuellen Sortierung nach der Ästigkeit in DIN 4074-1. Bei 16 % aller Bretter ist für eine Einstufung in die visuellen Klassen der *DAB*-Wert relevant; die farbigen Winkel, die die Bereiche der Sortierklassen S13 bis S7 kennzeichnen, enthalten zahlenmäßig brauchbare Anteile. In Bild 7-3 bis Bild 7-10 sind unter anderem die Häufigkeitsverteilungen des dynamischen Elastizitätsmoduls, der Bruttorohdichte, der Ästigkeit, der Brettlänge und -breite dargestellt. Die Dicke der Bretter lag zwischen 38 und 41 mm; im Mittel betrug sie 39 mm. Ab Bild 7-4 erfolgen die Darstellungen getrennt für die Anwendungssortierung A1, A2 und die chilenischen Bretter. Davon ausgenommen ist Bild 7-9, in dem nur die Häufigkeitsverteilung der Brettlänge für Bretter der Anwendungssortierung A2 dargestellt ist; die Länge der Bretter der Anwendungssortierung A1 betrug einheitlich 4900 mm und des chilenischen Materials einheitlich 4000 mm. In Bild 7-6 zeigt ein Q-Q-Diagramm eine an die empirische Verteilung der Bruttorohdichte der Anwendungssortierung A1 angepasste Betaverteilung. Die Parameter dieser Betaverteilung sind für die Simulation der Versuchsträger E2 vorgesehen, vgl. Abschnitt 2.1.4.

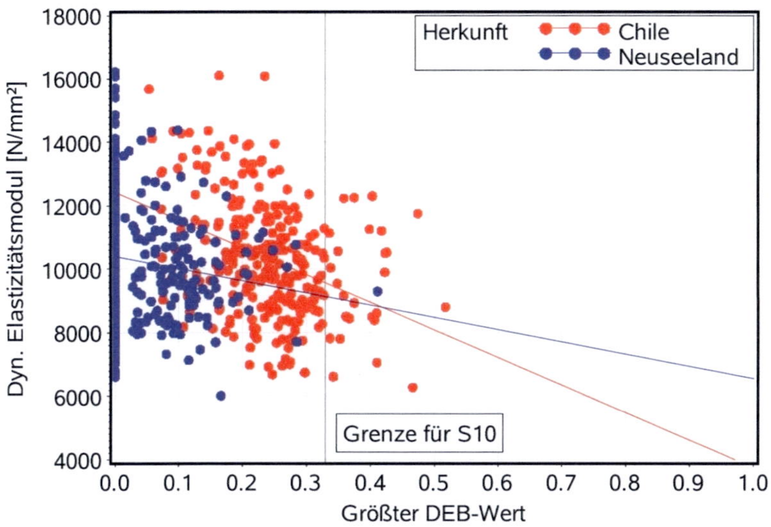

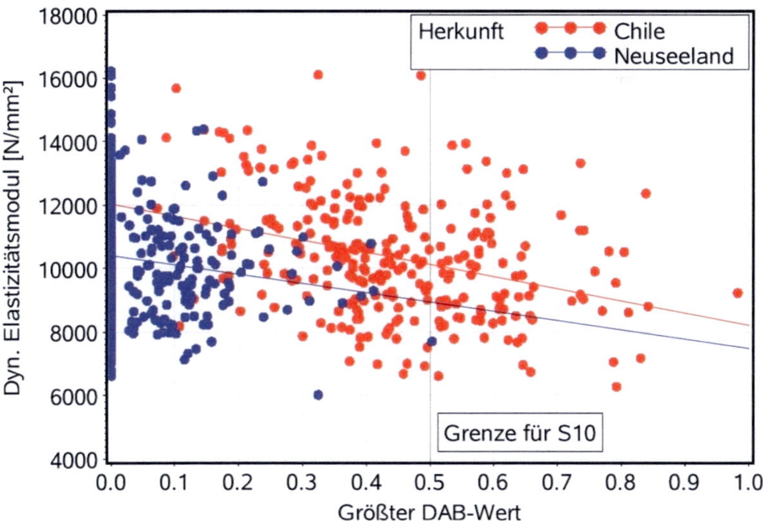

Bild 2-5   Elastizitätsmodul und Ästigkeit: größter Einzelast (o.) und größte Astansammlung (u.) nach DIN 4074-1

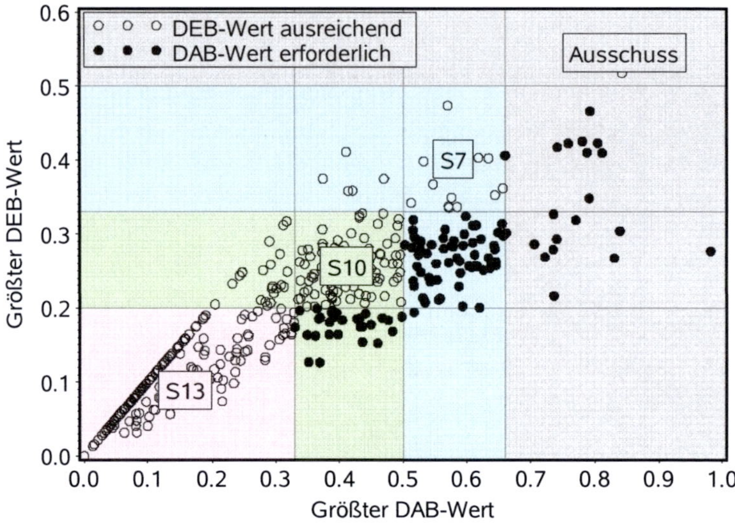

Bild 2-6   Beziehung zwischen Einzelast und Astansammlung

2.2.2   Eigenschaften des Vergleichsmaterials

Bild 2-7 zeigt die Beziehungen zwischen den dynamischen Elastizitätsmoduln bzw. den Bruttorohdichten der unbehandelten und acetylierten Bretthälften. Der Elastizitätsmodul sinkt und die Rohdichte steigt durch das Acetylieren. Im Vergleich mit den unbehandelten Bretthälften liegt der Mittelwert des dynamischen Elastizitätsmoduls der acetylierten Bretthälften bei 92 % (10.268 N/mm²/11.142 N/mm²); der Mittelwert der Bruttorohdichte und derjenige der Querschnittsfläche betragen 110 % (521 kg/m³/474 kg/m³) bzw. 107 % (7.446 mm²/6.961 mm²). Die entsprechenden statistischen Kennwerte sind in Bild 7-11 dargestellt. Zwischen den beiden Mittelwerten der dynamischen Elastizitätsmoduln, der Bruttorohdichten und der Querschnittsflächen bestehen signifikante Unterschiede (Niveau α = 0,05). Diese durch das Acetylieren bedingten Veränderungen stehen im Einklang mit bisherigen Forschungsergebnissen [11] - [13]. Dass der Kehrwert des Verhältnisses der Querschnittsflächen

(1/1,07 = 0,93) etwa dem Verhältnis der dynamischen Elastizitätsmoduln (0,92) entspricht, widerspricht nicht der Tatsache, dass unbehandeltes Holz je Einheit Querschnittsfläche mehr tragende Holzsubstanz enthält als acetyliertes Holz [14]. Die Dehnsteifigkeit EA eines Brettes wird demnach durch das Acetylieren unwesentlich verändert. Es ist folglich davon auszugehen, dass sich die Zugfestigkeit von acetyliertem Holz (und die Biegefestigkeit von ABSH) im gleichen Verhältnis verändert, wie der dynamische Elastizitätsmodul, vgl. [15].

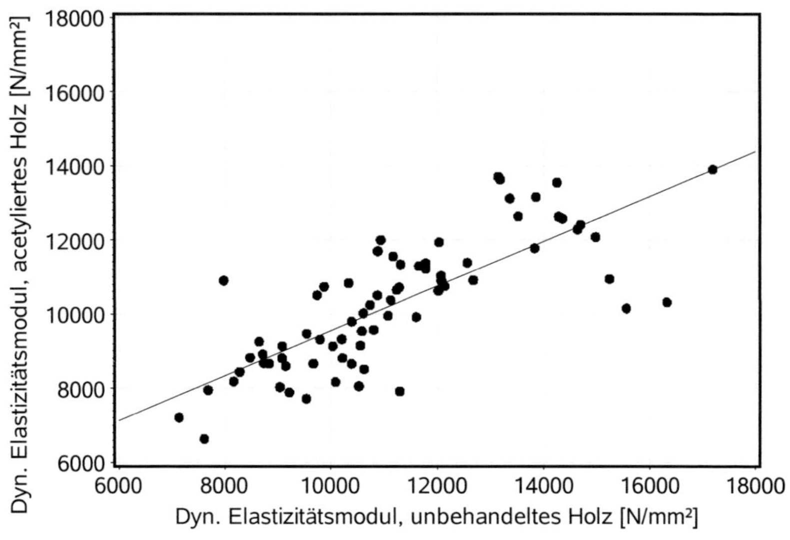

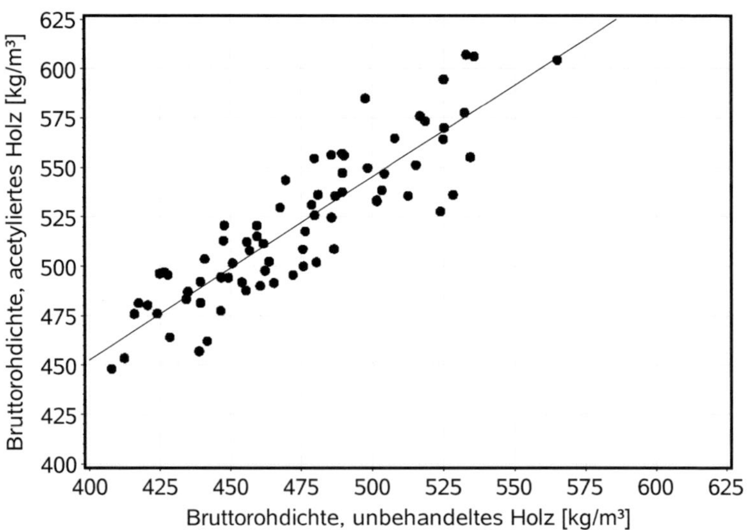

Bild 2-7   Beziehungen zwischen den Elastizitätsmoduln (o.) und den Rohdichten (u.) acetylierter und unbehandelter Bretthälften

2.2.3   Stichproben A und B

In Tabelle 2-2 wird durch einen Vergleich die Kongruenz zwischen dem Ausgangsmaterial und den Brettern für die Stichproben A und B überprüft. Die angegebenen, prozentualen Verhältnisse zwischen den jeweiligen statistischen Kennwerten nicht nur des dynamischen Elastizitätsmoduls, sondern auch der Rohdichte und der Ästigkeit zeigen, vgl. Bild 7-3, Bild 7-12 und Bild 7-13, dass die Proben A und B im Rahmen der Möglichkeiten der in Abschnitt 2.1.1 beschriebenen Auswahl für das Ausgangsmaterial repräsentativ sind.

Tabelle 2-2   *Vergleich zwischen dem Ausgangsmaterial und den Stichproben A und B, Tabellenwerte in %*

	N	$\overline{x}$	s	Min	Max
Ausgangsmaterial	632				
$E_{dyn}/\rho_{brutto}/DAB$-Wert		100	100	100	100
Stichprobe A	22				
E_{dyn}		102	115	128	100
ρ_{brutto}		102	116	109	93
DAB-Wert		118	92	-	60
Stichprobe B	101				
E_{dyn}		99	99	100	99
ρ_{brutto}		100	100	100	97
DAB-Wert		94	100	-	80

Bild 2-8 zeigt die Beziehungen zwischen den für die Festigkeitsmodellierung von ABSH hinreichenden mechanischen Eigenschaften (Elastizitätsmodul und Festigkeit) und den für eine Regressionsanalyse führenden erklärenden Variablen (Darrrohdichte, *DAB*-Wert und Elastizitätsmodul). In Bild 7-14 sind die Häufigkeitsdiagramme und die statistischen Kennwerte der mechanischen Eigenschaften und der erklärenden Variablen dargestellt.

In Bild 7-15 sind mehrere Fotografien zusammengefasst, die ein für alle geprüften Zug- und Druckprüfkörper jeweils repräsentatives Bruchverhalten zeigen. Die Bruchbilder vermitteln grundsätzlich ein sprödes Materialversagen, das als solches bei den Versuchen auch beobachtet wurde und angesichts der niedrigen Holzfeuchte (1 – 4 %) zu erwarten ist. Die Bilder der Zugprüfkörper zeigen in der Mehrzahl der Versuche kurzfasrige stumpfe Bruchflächen. Die in Faserrichtung beanspruchten Druckprüfkörper waren an den Hirnholzflächen durch die Lasteinleitungsplatten querdehnungsbehindert. Die im Druckversuch fortschreitende Längs- bzw. Querdehnung in Prüfkörpermitte bewirkt daher einen zwiebelförmigen Verlauf der faserparallelen Hauptspannungen und damit in Beziehung stehende Querzugspannungen. Erreichen diese die lokal vorhandene Querzugfestigkeit, entstehen Risse in Faserrichtung, woraufhin der Prüfkörper schlagartig seine Gesamtstabilität verliert. Druckfalten lagen nur bei 20 % der Druckprüfkörper vor. Die zugbeanspruchten Keilzinkenprüfkörper versagten in der Regel im Bereich des Zinkengrundes.

Bei dem hier beschriebenen Bruchverhalten zeigen sich Unterschiede zur Sprödigkeit von acetyliertem Holz, die in der älteren Literatur diskutiert wird. In den Fachaufsätzen [2] und [3], die Grundlagen der Holzacetylierung betreffend, wird festgehalten, dass seinerzeit favorisierte Acetylierungsverfahren nicht zu einer Versprödung des Holzes führen. Diese Feststellung kann angesichts der hier gemachten Beobachtungen, vor allem bei den Druckprüfkörpern, und später im Bericht folgenden nicht geteilt werden. Sehr wahrscheinlich zutreffender ist die Auffassung, dass die Wechselwirkung zwischen dem Acetylierungsprozess und den natürlich streuenden Holzeigenschaften eine eindeutige Abschätzung des Acetylierungseinflusses auf die Sprödigkeit erschwert [16]. Dabei ist der Acetylierungsprozess seinerseits als verfahrenstechnisch variierender Vorgang und die natürliche Streuung der Holzeigenschaften bis hin zum polymeren Aufbau der Zellwände zu verstehen.

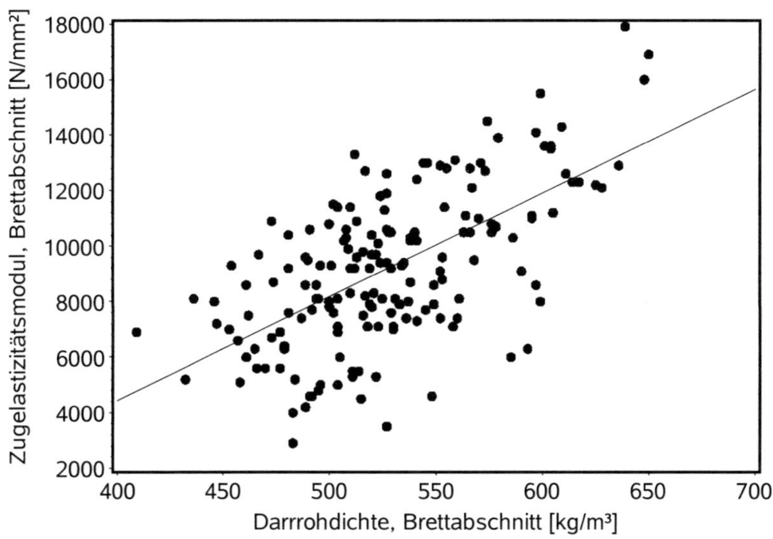

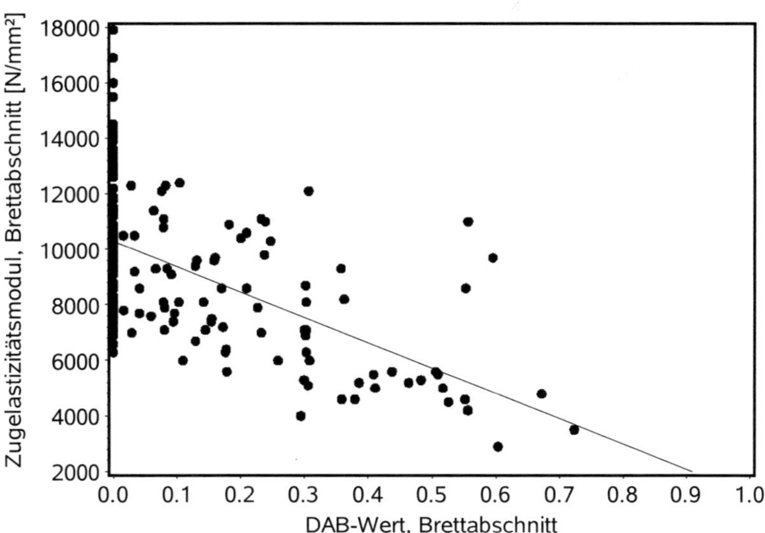

Bild 2-8   Zugelastizitätsmodul von 150-mm-Brettabschnitten

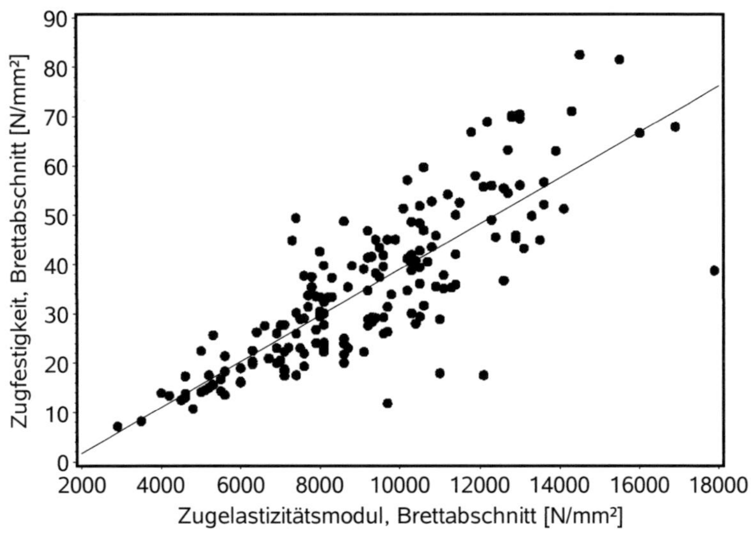

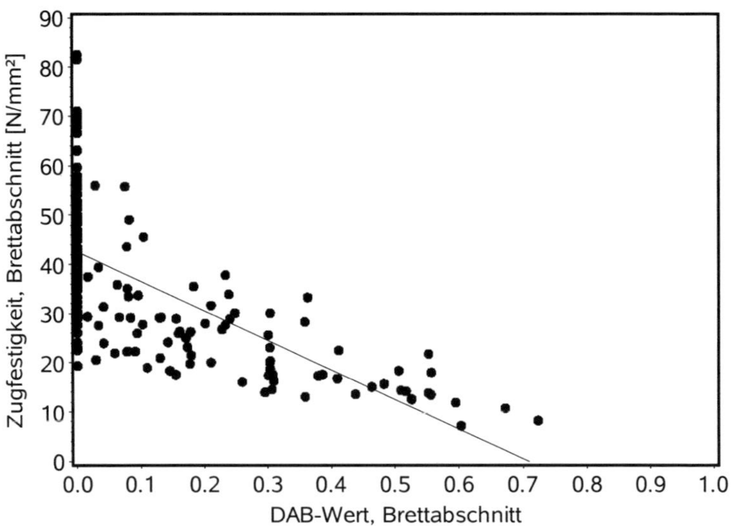

Bild 2-8   (Forts.) Zugfestigkeit von 150-mm-Brettabschnitten

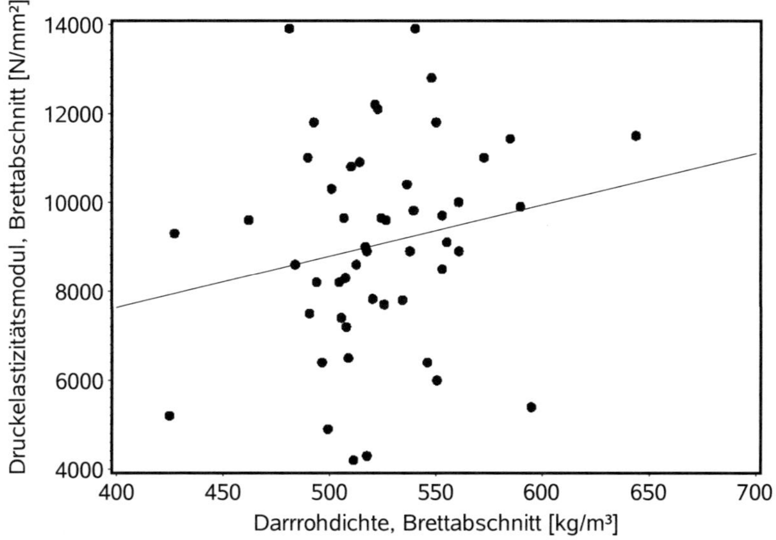

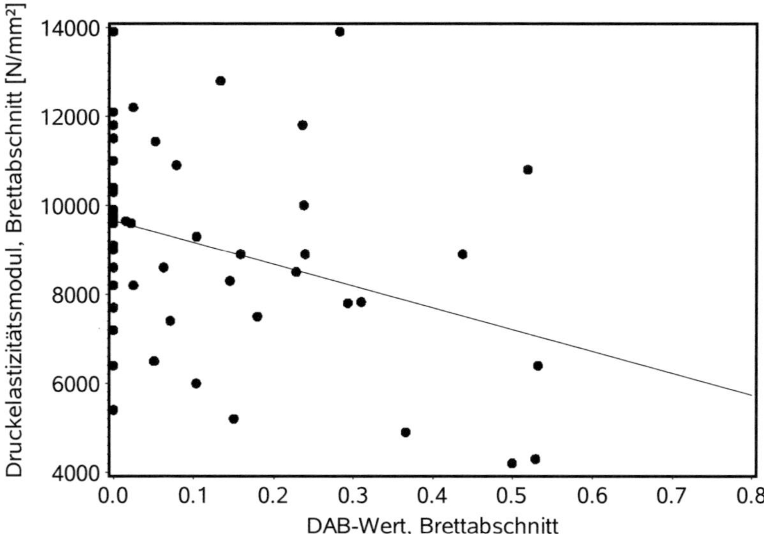

Bild 2-8   *(Forts.) Druckelastizitätsmodul von 150-mm-Brettabschnitten*

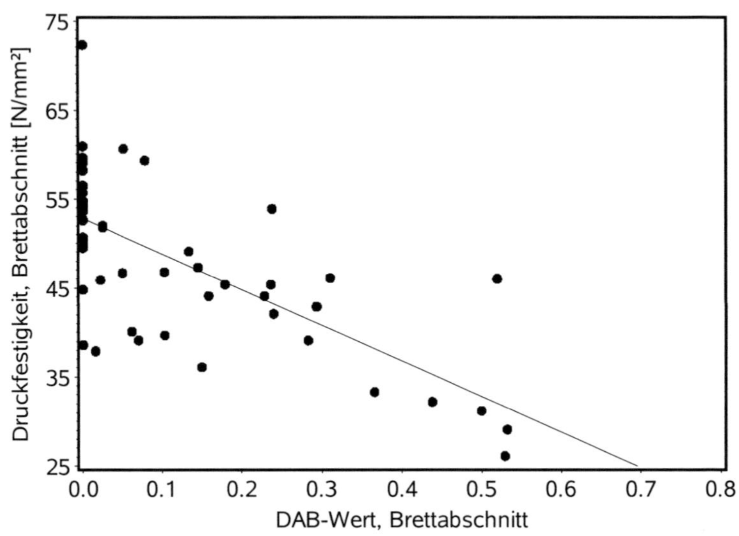

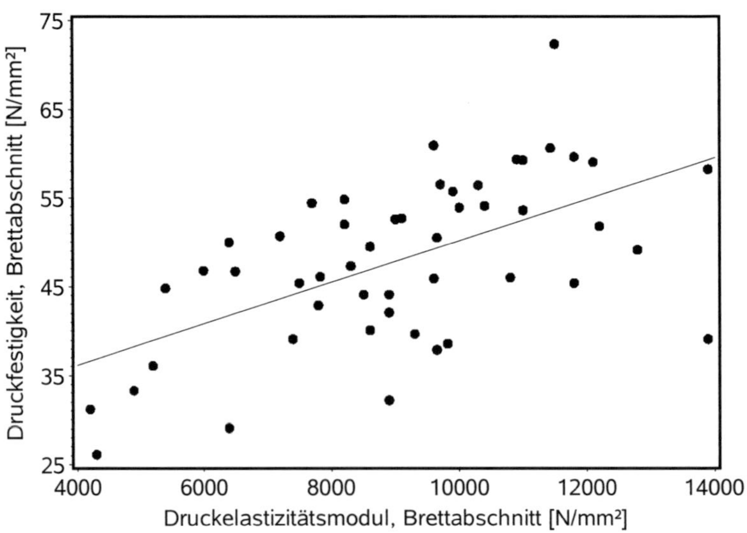

Bild 2-8   (Forts.) Druckfestigkeit von 150-mm-Brettabschnitten

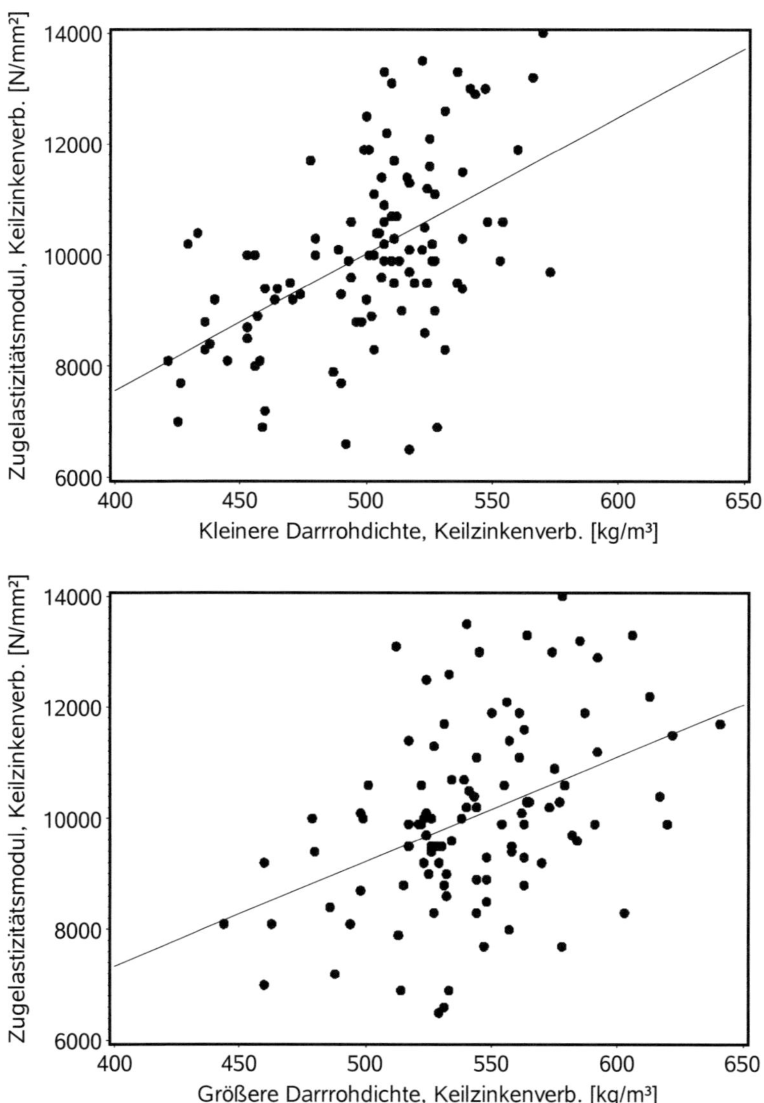

Bild 2-8   (Forts.) Zugelastizitätsmodul von 150-mm-Keilzinkenverbindungen

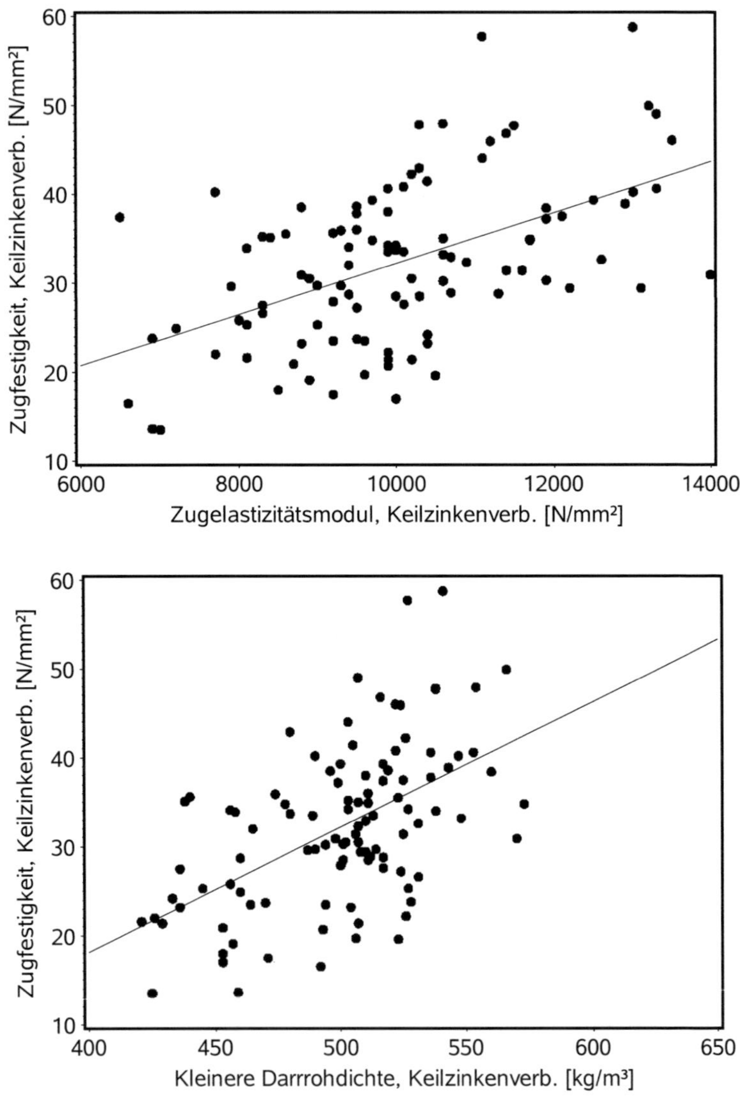

Bild 2-8   *(Forts.) Zugfestigkeit von 150-mm-Keilzinkenverbindungen*

2.2.4   Sortierungen C, D und E

In Bild 7-16 sind die Häufigkeitsdiagramme und die statistischen Kenn-werte des dynamischen Elastizitätsmoduls, der Brettlänge und Herkunft der Bretter der drei Sortierungen C, D und E dargestellt. Q-Q-Diagram-me in Bild 7-17 zeigen die empirischen und die daran angepassten Be-taverteilungen mit den entsprechenden Parametern zur Simulation der Bruttorohdichte, der Ästigkeit und Asthäufigkeit. Die Betaverteilungen für die Eigenschaften der drei Sortierungen wurden aus dem vollständigen Ausgangsmaterial entwickelt, also einschließlich der Daten der Bretter für die Stichproben A und B, um die theoretischen Verteilungen best-möglich anzupassen. Im Fall der Bruttorohdichte wurden zum Zwecke einer gesamtheitlich besseren Anpassung drei Rohdichtewerte ausge-schlossen. Die Summe der Bretter in den drei Q-Q-Diagrammen der Bruttorohdichte beträgt daher 632 (104 + 426 + 99 + 3).

2.2.5   Versuchsträger

In Bild 2-9 ist die Beziehung dargestellt, die zwischen der maximalen rechnerischen Randspannung und der Durchbiegung in Mitte der Trä-geroberkante besteht, in Teilbild a für die E1- und in Teilbild b für die E2-Träger. Darstellungsbedingt sind die Kurven um jeweils 10 mm gegen-einander verschoben. Ein nahezu lineares Verhalten bis zum Erreichen der Biegefestigkeit ist charakteristisch für alle 20 Versuche. Ausnahmen sind die Träger E1/1 und E1/2. Die Sprungstelle im Spannungsverlauf von E1/1 ist durch ein lokales Schubversagen – bei einer Randspannung von 36 N/mm² – in der Decklamelle der Druckzone bedingt (Bild 7-18 a). Bei der Prüfung von E1/2 führte eine Störung in der Steuerung der Hyd-raulik zu einer Unregelmäßigkeit bei den Messdaten. Die kleinere Stei-gung der E1- im Vergleich mit den E2-Spannungsverläufen liegt in der größeren Stützweite der E1-Träger begründet. Die eigentlich „steiferen" E1-Träger erscheinen daher in der vergleichenden Darstellung etwas „weicher" als die E2-Träger. In Bild 2-10, ℓ. und Bild 7-18 b bis e sind für das charakteristische Bruchbild der E1-Träger zutreffende Fotografien dargestellt.

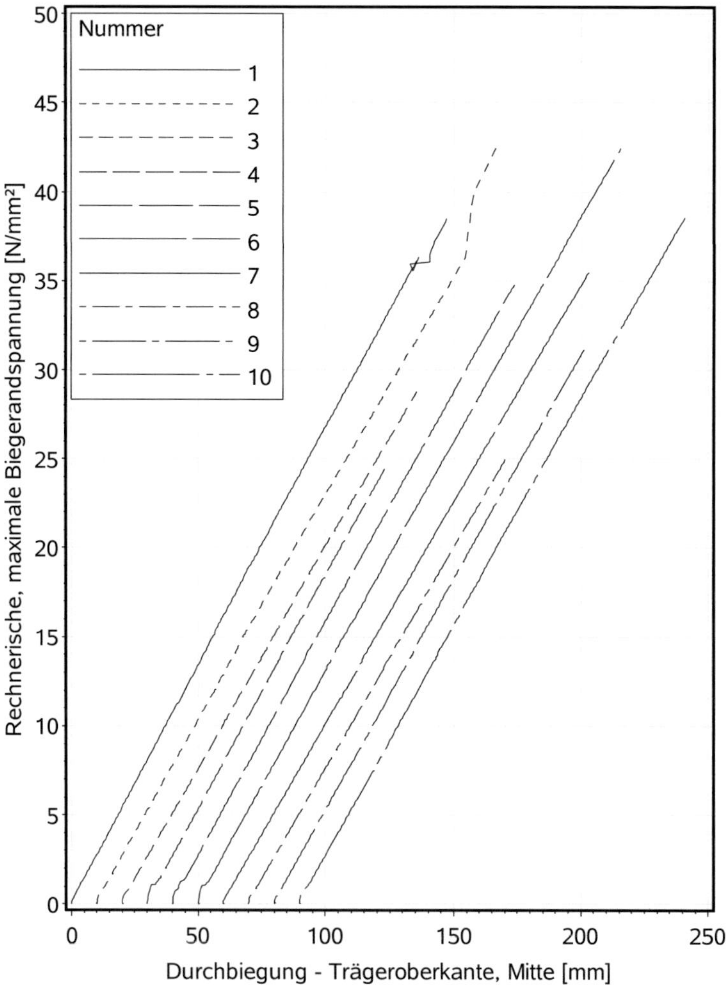

Bild 2-9 a   E1: Randspannung und Durchbiegung

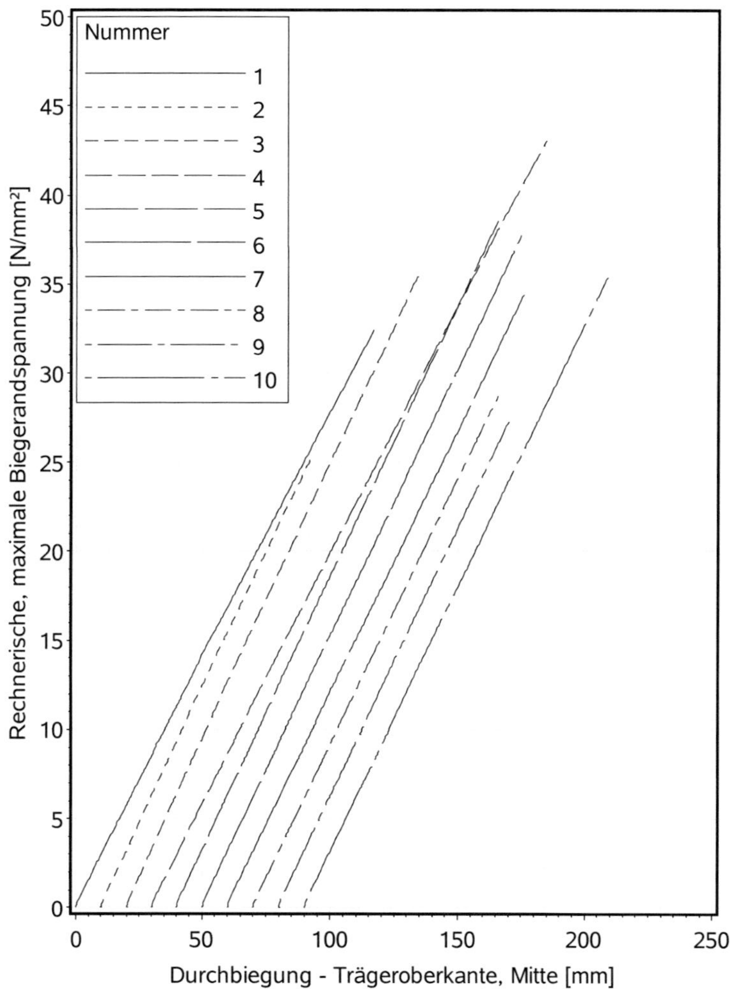

Bild 2-9 b   E2: Randspannung und Durchbiegung

Diese zeigen, dass ein BS-Holz-Träger aus aRK nach dem Biegeversagen in der Regel in grobe Stücke zerfällt bzw. klaffende Risse aufweist. Im Gegensatz dazu vollzieht sich das Biegeversagen bei hier zum Vergleich angeführten Trägern aus normalklimatisierter Fichte in einem lokal eingegrenzten Bereich. Häufig weisen solche Träger nach dem Versagen ein etwas kompakteres Erscheinungsbild mit weniger klaffenden Rissen auf (Bild 2-10, r.). Diese zwischen dem Biegeversagen tendenziellen Unterschiede werden auch durch das durchweg spröde und schlagartige Zerbrechen der Träger aus aRK belegt, das so bei Fichte nicht immer beobachtet wird. Teilweise erklären sich diese Unterschiede beim Biegeversagen durch die um etwa 8 – 10 % voneinander abweichende Holzfeuchte zwischen aRK und normalklimatisierter Fichte.

Bild 2-10   *Biegeversagen: E1/1 und E1/10 (ℓ.) und BS-Holz aus Fichte (r.)*

Bild 2-11 zeigt den Zusammenhang zwischen der Biegefestigkeit und dem Biegeelastizitätsmodul. Die Verteilungen der Werte beider mechanischen Eigenschaften sind in Bild 7-19 dargestellt. Während es hinsichtlich der Biegefestigkeit zwischen den beiden Kollektiven keine augenscheinlichen Unterschiede gibt, liegt hinsichtlich der jeweiligen Elastizitätsmoduln eine deutliche bei 10.500 N/mm² liegende Grenze vor. Die Darstellung legt nahe, dass das Potenzial einer maschinellen Sortierung von aRK nicht im Steigern der Festigkeit, sondern im Steigern des Elastizitätsmoduls liegt. Im Vergleich mit den E2-Trägern beträgt der mittlere Biege-E-Modul der E1-Träger 118 % (11.446 N/mm²/9.689N/mm²). Mittels der Verbundtheorie und auf Grundlage der mittleren dynamischen Elastizitätsmoduln, die Bretter der Sortierungen C bis E betreffend (12.400, 9.262 und 12.173 N/mm², s. Bild 7-16), berechnet sich der effektive Biegeelastizitätsmodul eines wie die Versuchsträger unsymmetrisch kombiniert aufgebauten Querschnitts zu 11.390 N/mm².

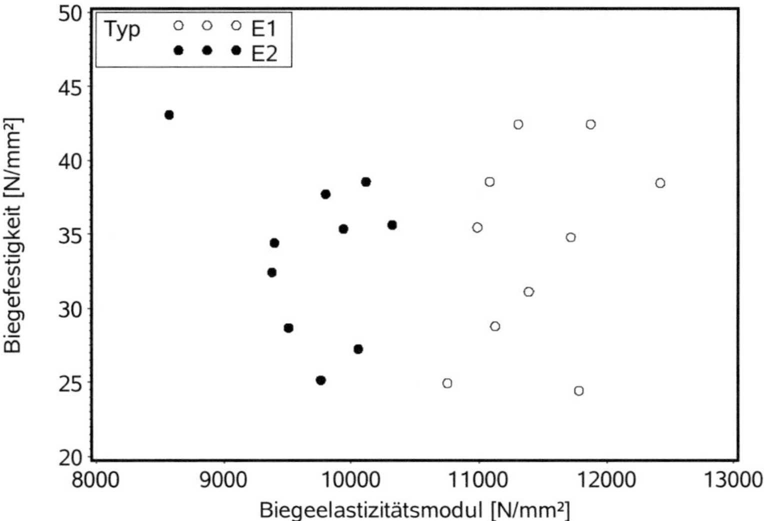

Bild 2-11   Mechanische Eigenschaften von ABSH

Dieser Wert ist nahezu identisch mit dem Mittel der Versuchswerte von 11.446 (Bild 7-19 a). Die Übereinstimmung zwischen dem effektiven Biegeelastizitätsmodul und dem Mittel der Versuchswerte belegt, dass ein auf Schwingungsmessung beruhendes Sortierverfahren geeignet ist, den Biegeelastizitätsmodul von ABSH gezielt zu beeinflussen. Zwischen dem mittleren dynamischen Elastizitätsmodul der Anwendungssortierung A1 und dem Mittelwert der Biegeelastizitätsmoduln der E2-Träger besteht eine befriedigende Übereinstimmung. Das Verhältnis Brett- zu Trägerelastizitätsmodul beträgt 1,07 (10.336 N/mm²/9.689 N/mm², s. Bild 7-4 und Bild 7-19 b). Die E2-Träger sind wegen des daher mäßigen Materialunterschieds zwischen dem tatsächlich verwendeten Material und der Anwendungssortierung A1 eingeschränkt zum Validieren von Simulationsergebnissen geeignet.

2.3 Rechenmodell

2.3.1 Allgemeine Hinweise

Die mechanischen Eigenschaften von 150-mm-Brettabschnitten und 150-mm-Keilzinkenverbindungen (Elemente) werden mit dem Rechenmodell empirisch repräsentiert; dazu werden der Elastizitätsmodul und die Festigkeit mit Regressionsgleichungen berechnet. Die Gleichungen für den Elastizitätsmodul enthalten die Darrrohdichte, die Ästigkeit als *DAB*-Wert und − nur bei Druckbeanspruchung − die Holzfeuchte als erklärende Variablen. Die Verwendung des *DAB*-Wertes ist durch sein integrales Erfassen der Ästigkeit begründet. Hinzu kommt, dass bei den festgelegten Regressionsgleichungen die Verwendung des *DEB*-Wertes, statt des *DAB*-Wertes stets mit einem geringeren Bestimmtheitsmaß verbunden ist. Da der Elastizitätsmodul und die Festigkeit miteinander korreliert sind, enthalten die Regressionsgleichungen für die Festigkeit zur Berücksichtigung der damit verbundenen stochastischen Abhängigkeit jeweils den Elastizitätsmodul als erklärende Variable. Zur Simulation von Unterschieden zwischen Brettern hinsichtlich der Größe der mechanischen Eigenschaften werden bekannte Modelle zur Aufteilung der Gesamtstreuung bzw. der Residuen verwendet [17] [18]. Die Simulation der Darrrohdichte und der Ästigkeit erfolgt über die in den nachfolgenden

Abschnitten festgelegten Verfahren. Die Brettlänge wird zur Vereinfachung der wirklichen Verhältnisse (Bild 2-12, o.) mit einer gekappten Normalverteilung simuliert; Mittelwert und Standardabweichung werden mit den Kennwerten $\bar{x}$ = 4297 mm und s = 363 mm (Bild 2-12, u.) angenommen. Die simulierten Brettlängen liegen, bedingt durch die 150-mm-Diskretisierung, zwischen 3,6 und 4,95 m. Mit den experimentell ermittelten mechanischen Kenngrößen der Versuchsträger E1 und E2 werden entsprechende mit dem Rechenmodell simulierte Werte validiert.

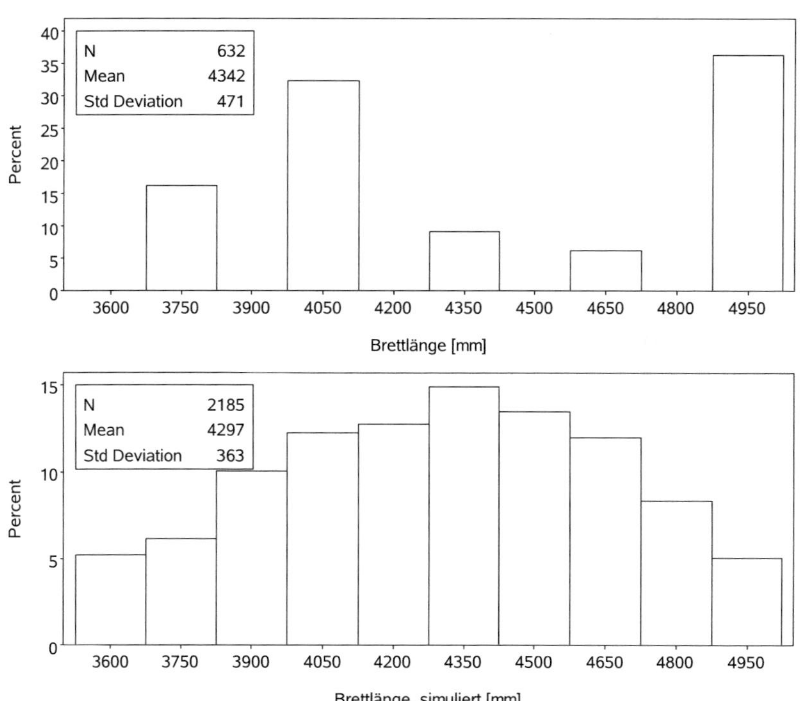

Bild 2-12   *Häufigkeitsverteilung der Brettlänge: wirkliche Länge des Ausgangsmaterials (o.) und simulierte von über 2000 Brettern (u.)*

2.3.2   Mechanische Eigenschaften der Elemente

Auf Grundlage der Zug- und Druckversuche an den 150-mm-Brettabschnitten und der Zugversuche an den 150-mm-Keilzinkenverbindungen aus Brettern der Stichproben A bzw. B wurden zum Zwecke der Vorhersage der mechanischen Eigenschaften die Regressionsgleichungen (1) bis (6) hergeleitet, mit E bzw. f in N/mm², ρ in kg/m³ und u in %. Die Beziehungen zwischen den logarithmierten Versuchs- und Erwartungswerten, berechnet mit den funktionalen Termen der Gleichungen (1) bis (6), sind in Bild 7-20 dargestellt.

$$\ln(E_{t,P}) = 7{,}55 + 3{,}12 \cdot 10^{-3} \cdot \rho_0 - 1{,}02 \cdot DAB + e$$
$$N = 174 \qquad r^2 = 0{,}61 \qquad e: N(0;0{,}199) \tag{1}$$

$$\ln(f_{t,P}) = 1{,}89 + E_{t,P}(2{,}58 \cdot 10^{-4} - 7{,}35 \cdot 10^{-9} \cdot E_{t,P} - 1{,}54 \cdot 10^{-4} \cdot DAB) + e$$
$$N = 174 \qquad r^2 = 0{,}83 \qquad e: N(0;0{,}196) \tag{2}$$

$$\ln(E_{c,P}) = 8{,}72 + 8{,}93 \cdot 10^{-4} \cdot \rho_0 - 0{,}0153 \cdot u - 0{,}656 \cdot DAB + e$$
$$N = 50 \qquad r^2 = 0{,}18 \qquad e: N(0;0{,}257) \tag{3}$$

$$\ln(f_{c,P}) = 2{,}94 + 1{,}42 \cdot 10^{-3} \cdot \rho_0 - 0{,}786 \cdot DAB + 3{,}05 \cdot 10^{-5} \cdot E_{c,P} + e$$
$$N = 48 \qquad r^2 = 0{,}81 \qquad e: N(0;0{,}0906) \tag{4}$$

$$\ln(E_{t,j,P}) = 7{,}71 + 2{,}01 \cdot 10^{-3} \cdot \rho_{0,Min} + 8{,}93 \cdot 10^{-4} \cdot \rho_{0,Max} + e$$
$$N = 103 \qquad r^2 = 0{,}30 \qquad e: N(0;0{,}139) \tag{5}$$

$$\ln(f_{t,j,P}) = 1{,}23 + 5{,}79 \cdot 10^{-5} \cdot E_{t,j,P} + 3{,}23 \cdot 10^{-3} \cdot \rho_{0,Min} + e$$
$$N = 103 \qquad r^2 = 0{,}38 \qquad e: N(0;0{,}234) \tag{6}$$

Der Abstand zwischen der oberen bzw. unteren gestrichelten Hilfslinie und der Regressionsgeraden entspricht der jeweiligen Standardabweichung der Fehler e bzw. Residuen. Dadurch wird die von der Größe des Erwartungswerts unabhängige konstante Streuung der Residuen verdeutlicht. Die Regressionsgleichungen und die dazu angegebenen Streuungen der Residuen sind folglich uneingeschränkt für die Simulation geeignet.

2.3.3 Autokorrelation

Eine brettbezogene statistische Auswertung der Residuen, die nur auf den Elastizitätsmodul und die Festigkeit der Zugversuche an den Brettern der Stichprobe A entfallen, führt zu der Aufteilung der Gesamtstreuung in Tabelle 2-3. Demnach sind die Residuen durch brettbezogene Mittelwerte ($\overline{x}_{R,B}$) und brettbezogene Standardabweichungen ($s_{R,B}$) zahlenmäßig festgelegt.

Tabelle 2-3   Aufteilung der Gesamtstreuung

	$\overline{x}_{R,B}$		$s_{R,B}$		s_R	$\overline{x}(s_{R,B})/s_R$
Eigenschaft	$\overline{x}$	s	$\overline{x}$	s		
Zug-E-Modul	0	0,122	0,142	0,0677	$0{,}199^{a}$	0,71
Zugfestigkeit	0	0,0899	0,160	0,0692	$0{,}196^{b}$	0,82

[a] s. Gleichung (1), [b] s. Gleichung (2)

Mit den brettbezogenen Mittelwerten und Standardabweichungen sind in der Zugzone hinsichtlich der mechanischen Eigenschaften natürliche Qualitätsunterschiede innerhalb des Brettangebots beim Simulieren darstellbar. Aus Gründen der Vereinfachung werden die in Bild 7-21 dargestellten Verteilungen der brettbezogenen Standardabweichungen durch Normalverteilungen modelliert. Die jeweilige Standardabweichung ($s(\overline{x}_{R,B})$) der brettbezogenen Mittelwerte, ebenfalls normalverteilt, ist rechnerisch so festgelegt, dass die Standardabweichung der Gesamtstreuung (s_R) wieder erfüllt ist. Dabei ist das Mittel ($\overline{x}(\overline{x}_{R,B})$) der brettbezogenen Mittelwerte der Anschauung nach null. Das Verhältnis von 0,71 beim Zugelastizitätsmodul zwischen dem Mittel ($\overline{x}(s_{R,B})$) der brettbezogenen Standardabweichung und der Standardabweichung der Gesamt-streuung (s_R) wird ebenfalls für die Autokorrelation der Residuen beim Druckelastizitätsmodul verwendet, weil hierfür keine gezielten Druckversuche durchgeführt wurden. Bei der Druckfestigkeit wird auf das Simulieren autokorrelierter Residuen gänzlich verzichtet; angesichts der vergleichsweise hohen Druckfestigkeit (Bild 7-14 d, Minimum = 26 N/mm²) ist das Simulieren autokorrelierter Residuen entbehrlich.

2.3.4 Darrrohdichte

Die Darrrohdichte der 150-mm-Brettabschnitte wird aus der Bruttorohdichte der Bretter mit Gleichung (7) berechnet, mit ρ in kg/m³; nur die Bruttorohdichte wird direkt simuliert. Dabei ist festgelegt, dass die Darrrohdichte in Brettlängsrichtung konstant ist.

$$\rho_{0,P} = 11,3 + 0,986 \cdot \rho_{Brutto} + e$$
$$N = 430 \qquad r^2 = 0,86 \qquad e : N(0;16,3)$$

(7)

Die in Bild 2-13 dargestellte Beziehung zwischen den Bruttorohdichten einzelner Bretter und den Darrrohdichten zugehöriger 150-mm-Abschnitte ist neben einer natürlichen Streuung auch durch im Tauchverfahren verursachte Messfehler überlagert. Die 430 dargestellten Wertepaare ergeben sich aus Darrrohdichten, die im Zuge der 174 Zugversuche an Brettabschnitten, der 103 Zugversuche an Keilzinkenverbindungen (zwei Werte je Versuch) und der 50 Druckversuche an Brettabschnitten bestimmt wurden. Eine um Messfehler bereinigte Beziehung wäre durch ein noch höheres Bestimmtheitsmaß als 0,86 gekennzeichnet, wodurch die Festlegung einer innerhalb eines Brettes konstanten Darrrohdichte sinnvoll erscheint. Bild 2-13 bzw. Gleichung (7) zeigen, dass angesichts der niedrigen Holzfeuchte die Bruttorohdichten den Mittelwerten der jeweils zugehörigen Darrrohdichten zahlenmäßig entsprechen. Diese Entsprechung ist aufgrund der geringen Volumen- und Masseabnahme beim Darrtrocknen erwartungsgemäß.

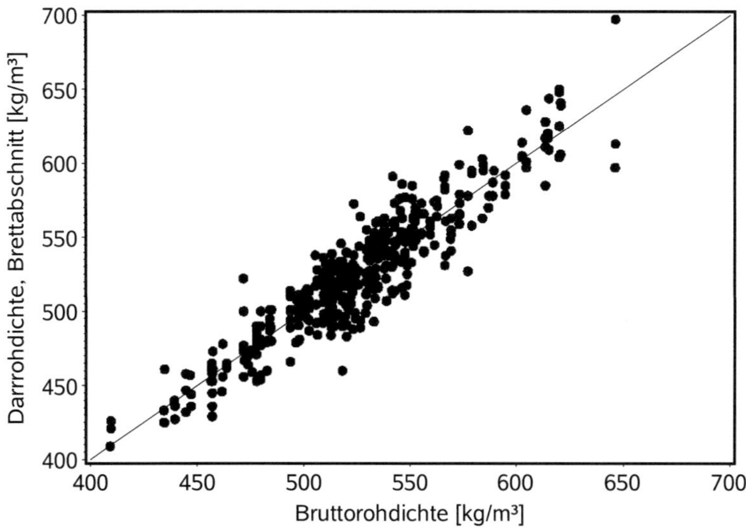

Bild 2-13   Darrrohdichte einzelner 150-mm-Brettabschnitte und Bruttoroh-dichte zugehöriger Bretter

2.3.5   Ästigkeit

Das Verfahren zur Simulation der Ästigkeit mittels der Abfolge von in der Größe abnehmenden Ästen [17] ist auf Radiata Kiefer anwendbar. Beim Ausgangs- und Vergleichsmaterial liegen bei den 425 astbehafteten Brettern insgesamt 2.035 astbehaftete 150-mm-Brettabschnitte vor. Deren Ästigkeiten werden aus Kompatibilität mit den Regressionsgleichungen (1) bis (4) durch den *DAB*-Wert zahlenmäßig beschrieben. Die Quotienten zwischen dem größten und 2.-größten *DAB*-Wert (K_1), zwischen dem 2.- und 3.-größten (K_2) usw. wurden bis K_{12} berechnet; höhere *K*-Werte liegen nicht vor, weil das Maximum bei 13 astbehafteten Abschnitten liegt. Die einzelnen Häufigkeitsverteilungen der Quotienten K_1 bis K_{12} sind in Bild 7-22 dargestellt, die Häufigkeitsverteilung und das Q-Q-Diagramm aller Quotienten in Bild 2-14. Tabelle 2-4 enthält die statistischen Kennwerte der einzelnen und aller *K*-Werte. Das Mittel und die Streuung sind vergleichsweise ähnlich. Die Größe der 2., 3. usw. Ästigkeit wird daher mit der Betaverteilung, die an alle 1.610 Quotienten angepasst ist (Bild 2-14, u.), zutreffend simuliert. Die von Brett zu Brett unterschiedliche Anzahl astbehafteter Abschnitte wird je nach Sortierung mit einem zufälligen Wert aus einer entsprechenden Verteilung simuliert. Bild 2-15 zeigt beispielsweise für die unsortierte Gesamtheit der 425 astbehafteten Bretter die Häufigkeitsverteilung der Anzahl astbehafteter Abschnitte. Während Bretter mit ein bis sieben astbehafteten Abschnitten etwa mit der gleichen Häufigkeit vorkommen, sind Bretter mit über neun astbehafteten Abschnitten vergleichsweise selten.

Tabelle 2-4   Statistik der Quotienten K_i zwischen nach Größe gestaffelten DAB-Werten

Quotienten	N	$\bar{x}$	s
2.-größter/größter	367	0,72	0,22
3.-gr./2.-gr.	313	0,78	0,18
4.-gr./3.-gr.	261	0,81	0,16
5.-gr./4.-gr.	215	0,80	0,17
6.-gr./5.-gr.	170	0,78	0,19
7.-gr./6.-gr.	117	0,78	0,17
8.-gr./7.-gr.	74	0,78	0,20
9.-gr./8.-gr.	43	0,79	0,17
10.-gr./9.-gr.	25	0,74	0,22
11.-gr./10.-gr.	16	0,75	0,17
12.-gr./11.-gr.	8	0,67	0,23
13.-gr./12.-gr.	1	-	-
Gesamt	1610	0,77	0,19

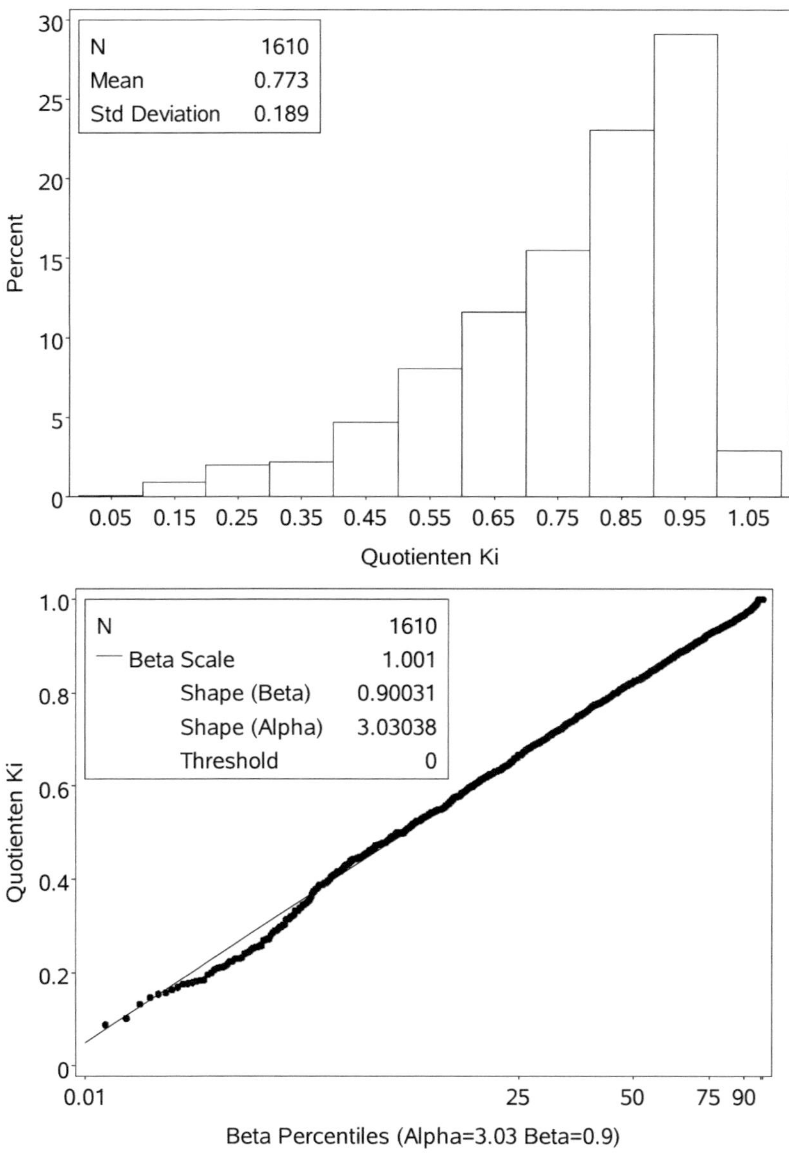

Bild 2-14   Verteilung der Verhältnisse der DAB-Werte zwischen nach Größe gestaffelten Ästigkeiten

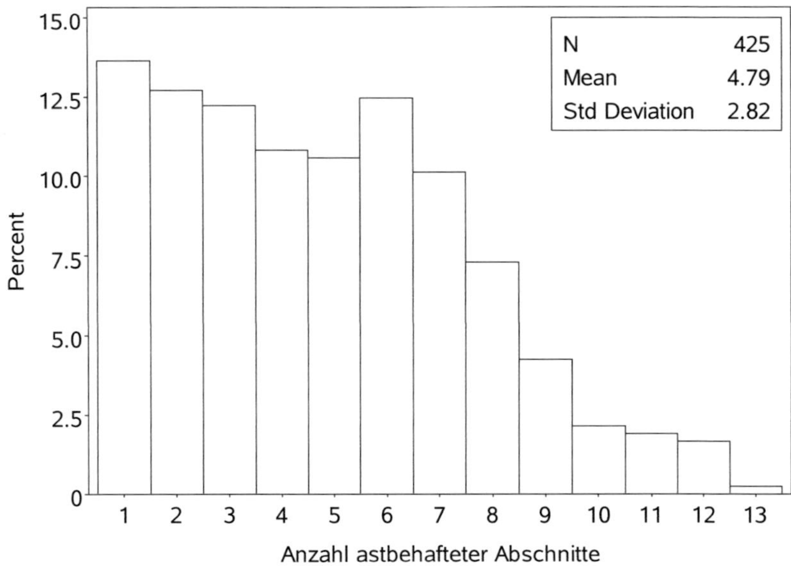

Bild 2-15   *Ausgangs- und Vergleichsmaterial: Häufigkeit von astbehafteten*
150-mm-Abschnitten

2.3.6   Validierung simulierter mechanischer Eigenschaften

Mit den Parametern der in Bild 7-6 bzw. Bild 7-17 spezifizierten Betaverteilungen wurden die Bruttorohdichte und die Ästigkeit für Bretter der
Anwendungssortierung A1 bzw. der Sortierungen C, D und E und die
Versuchsträger E1 bzw. E2 simuliert. Beim Simulieren der Sortierung A1
wurden nur solche Bretter in die Träger übernommen, deren Elastizitätsmodul, vergleichbar mit dem dynamischen Elastizitätsmodul, mindestens 7360 N/mm² betrug, vgl. Abschnitt 2.1.4. Die Biegefestigkeit und der
Elastizitätsmodul der simulierten Versuchsträger wurden berechnet; die
Häufigkeitsverteilungen der mechanischen Eigenschaften sind in Bild
7-23 a für S1 und im Teilbild b für S2 dargestellt. Die Vergleiche in
Tabelle 2-5 a und b zwischen den experimentellen und simulierten statistischen Kennwerten der Biegefestigkeit und des Elastizitätsmoduls stel-
len keinen Widerspruch dar zu der Annahme, dass das Rechenmodell

die Biegefestigkeit und den Elastizitätsmodul zutreffend wiedergibt. Im Einzelnen wird festgestellt:

Typ 1: Der Vergleich zwischen dem experimentellen und simulierten Mittelwert der Biegefestigkeit zeigt, dass das Rechenmodell mit hoher Wahrscheinlichkeit konservative Festigkeitswerte simuliert; selbst die untere 95-%-Vertrauensgrenze für den experimentellen Mittelwert (29,4) wird durch das simulierte Mittel (30,9) nur geringfügig überschritten. Die mit 0,98 gekennzeichnete Übereinstimmung zwischen den Elastizitätsmoduln muss notwendigerweise hoch sein. Ein deutlich von 1,0 abweichendes Verhältnis könnte ein Hinweis auf unzutreffende Modellansätze oder Programmierfehler sein.

Typ 2: Angesichts der vagen Kenntnis über das tatsächlich für die Randlamellen verwendete Material bei den Versuchsträgern E2 sind die Vergleiche zwischen den Festigkeitswerten weniger belastbar als beim Vergleich des Typs 1. Das empirische Repräsentieren der seinerzeit verwendeten Sortierung ersatzweise mit A1-Material und mit der zusätzlichen Elastizitätsmodulgrenze von 7.360 N/mm² ist eine vertretbare Maßnahme, um die Versuchsträger E2 zum Zwecke einer verbreiterten Erkenntnis in die Validierung mit einzubeziehen. Der Vergleich zwischen dem experimentellen und simulierten Mittelwert des Elastizitätsmoduls zeigt notwendigerweise wieder eine gute Übereinstimmung, weil das tatsächlich verwendete Material nicht das Ergebnis einer den Elastizitätsmodul in nennenswertem Maße beeinflussenden maschinellen Sortierung ist.

Tabelle 2-5 a Experimentelle und simulierte mechanische Eigenschaften der Träger des Typs 1

	$\bar{x}$	$\tilde{x}_{0,05}$	95-%-VG
Exp. Biegefestigkeit	34,1	-----	29,4 – 38,9
	-----	23,2[a]	12,6 – 28,1
Sim. Biegefestigkeit	30,9	23,1	N = 1000!
Verhältnis (sim./exp.)	**0,91**	**1,00**	
Exp. Biege-E-Modul	11446		11088 - 11804
Sim. Biege-E-Modul	11250		N = 1000!
Verhältnis (sim./exp.)	**0,98**		

Tabelle 2-5 b Experimentelle und simulierte mechanische Eigenschaften der Träger des Typs 2

	$\bar{x}$	$\tilde{x}_{0,05}$	95-%-VG
Exp. Biegefestigkeit	33,8	-----	29,9 – 37,8
	-----	24,7[a]	15,8 – 28,8
Sim. Biegefestigkeit	26,4	19,1	N = 1000!
Verhältnis (sim./exp.)	**0,78**	**0,77**	
Exp. Biege-E-Modul	9689		9330 - 10049
Sim. Biege-E-Modul	9896		N = 1000!
Verhältnis (sim./exp.)	**1,02**		

[a] ersatzweise aus angepasster Normalverteilung

2.4   Numerische Herleitung mechanischer Kenngrößen

2.4.1   Sortiermodelle und Trägeraufbauten

Eine baurechtliche Regelung von ABSH ist verknüpft mit der Zusammensetzung und Verfügbarkeit von geeigneter aRK. Ein wirtschaftlich herstellbares und zuverlässiges ABSH beruht unter anderem auf langfristig verfügbarem Brettmaterial mit konstanten Eigenschaften und auf einer praktikablen Sortierung, die dadurch gekennzeichnet ist, dass Brettmaterial und Sortierverfahren miteinander verträglich sind. Es dürfen aufgrund der hohen Kosten für aRK keine nennenswerten Verluste durch die Sortierung unmittelbar vor der Herstellung von ABSH entstehen.

Aufgrund der signifikanten Unterschiede zwischen der Ästigkeit der neuseeländischen und derjenigen der chilenischen Bretter basieren hauptsächlich auf visuellen Kriterien beruhende Sortierungen nur auf den Anwendungssortierungen A1 und A2. Diese beiden Anwendungssortierungen eignen sich aufgrund der geringeren Ästigkeit für eine effiziente visuelle „Nachsortierung" nach DIN 4074-1. Für chilenische Bretter, für die vor allem aus sicherheitsrelevanten Gründen eine durch Personal durchgeführte ausschließliche visuelle Sortierung nach DIN 4074-1 ausscheiden sollte, eignet sich ein maschinelles Verfahren, das objektiv und zuverlässig auf Grundlage des dynamischen Elastizitätsmoduls arbeitet.

Eine Zusammenstellung von fünf unterschiedlichen Trägeraufbauten für ABSH und die dafür konfigurierten Sortierungen zeigt Bild 2-16. Bei den kombinierten Trägern (S3 und S7) sind die jeweiligen Sortierungen so aufeinander abgestimmt, dass das Ausgangsmaterial aus Chile bzw. A2 aus Neuseeland mit minimiertem Ausschuss in einem Durchgang in ein Drittel für Rand- und zwei Drittel für Kernlamellen aufgeteilt werden kann. Die Verteilungsfunktionen zur Simulation der Bruttorohdichte und der Ästigkeit der Sortierungen sind in Bild 7-24 dargestellt. In Bild 7-25 folgen die Häufigkeitsverteilungen der simulierten mechanischen Eigenschaften der Träger, deren statistische Kennwerte in Tabelle 2-6 zusammengefasst sind.

Tabelle 2-6   Mechanische Eigenschaften der simulierten Träger

Typ	Biegefestigkeit		Biegeelastizitätsmodul
	$\bar{x}$	$\tilde{x}_{0,05}$	$\bar{x}$
	N/mm²	N/mm²	N/mm²
S3	23,6	16,6	11100
S4	25,8	18,6	9820
S5	25,8	19,3	9690
S6	25,9	19,1	9720
S7	30,4	22,5	11300

Der Typ S3 ermöglicht es, aus der stark astbehafteten chilenischen Brettware mit einer Schwingungsmessung und einer intensiven visuellen Sortierung ein weniger festes, aber steifes ABSH herzustellen. Die Ausbeute liegt bei 90 %. Dieses ABSH ist insbesondere für solche Tragwerke geeignet, deren Bemessung durch die Gebrauchstauglichkeit bestimmt ist. Die Typen S4 und S5 bieten die Möglichkeit, mit einer nur auf Kontrolle beruhenden visuellen „Nachsortierung", vgl. Bild 7-7 und Bild 7-8, und einer Rohdichtemessung aus A2 ein wirtschaftliches bzw. aus A1 ein weniger wirtschaftliches, aber astfreies ABSH herzustellen. Der Typ S6, eine Kombination aus S4 und S5, erscheint nicht konkurrenzfähig, weil sich die ästhetischen und mechanischen Eigenschaften gegenüber S4 nicht wesentlich verbessern. Hinzu kommt, dass ein herstellungsbedingt aufwändigerer kombinierter Aufbau den Festigkeitsanstieg von 18,6 (S4) auf 19,1 N/mm² (S6) kaum rechtfertigt. Der Typ S7 ist in jeglicher Hinsicht erstrebenswert. Unter Verwendung des wirtschaftlicheren A2-Materials − im Vergleich mit A1 − ist mit einer nur auf Kontrolle beruhenden visuellen „Nachsortierung" und einer Schwingungsmessung mit fast 100 % Ausbeute ein sowohl festes als auch steifes ABSH herstellbar. Im Vergleich mit S4 steigen Ausbeute um 2 %, Festigkeit um 21 % und Elastizitätsmodul um 15 %, wobei die Kosten für das Ausgangsmaterial A2 unverändert bleiben.

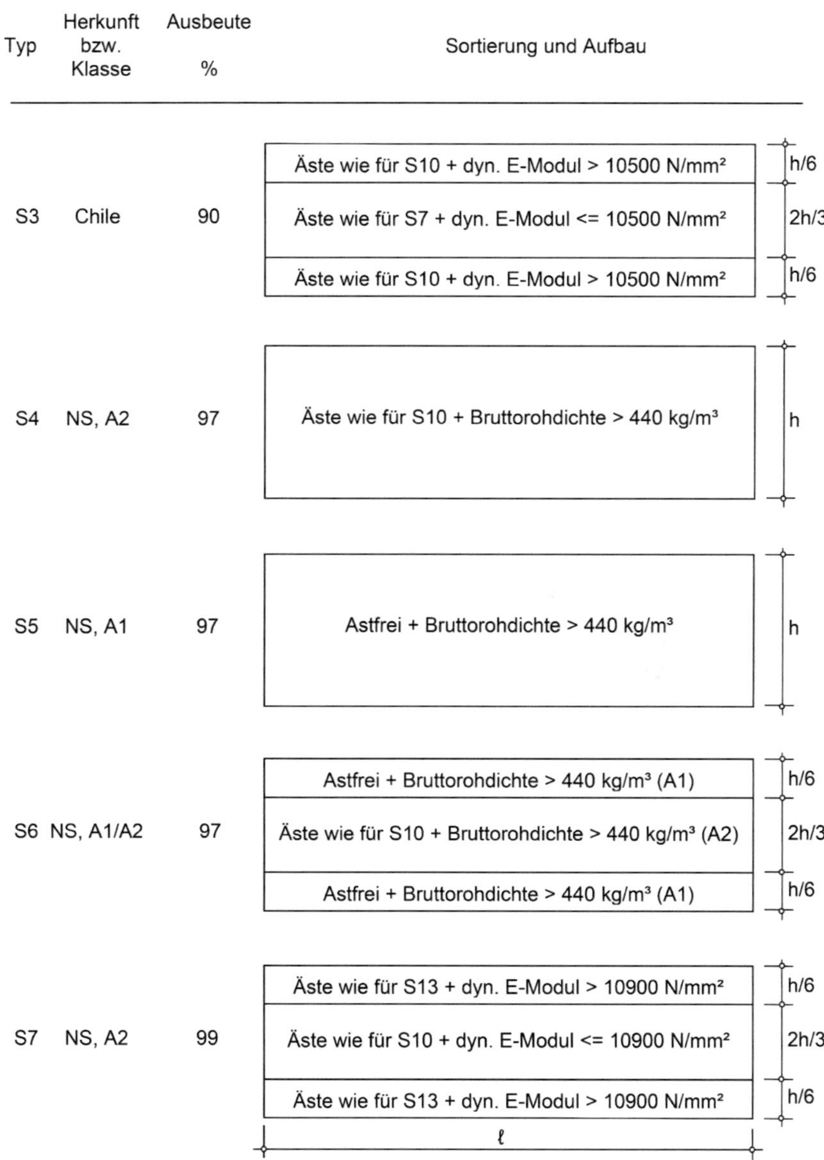

Bild 2-16   Simulierte Trägertypen und Sortierungen

2.4.2   Keilzinkenfestigkeit

Die Ermittlung einer für ABSH-Festigkeitsklassen der gegenwärtigen Anschauung nach notwendigen charakteristischen Keilzinkenbiegefestigkeit erfolgt mit dem Faktor α_j nach Gleichung (8). Mit den in Bild 2-17 angegebenen 5-%-Quantilen, verteilungsfrei ermittelt, beträgt α_j = 2,19, s. Gleichung (9). Die dieser Abschätzung zugrunde liegenden Keilzinkenbiegefestigkeiten stammen vom Projektpartner und wurden in den vergangenen Jahren im Zuge seiner Eigenüberwachung ermittelt; die Zugfestigkeiten sind die ebenfalls in Bild 7-14 f dargestellten experimentellen Werte.

$$f_{m,j,k} = \alpha_j \cdot f_{t,j,k,\ell=150} \qquad (8) \qquad\qquad \alpha_j = \frac{f_{m,j,k}}{f_{t,j,k,\ell=150}} \simeq \frac{38,6}{17,6} = 2,19 \qquad (9)$$

In Abhängigkeit von den simulierten charakteristischen Keilzinkenzugfestigkeiten, die Randlamellen der Typen S2 (Abschnitt 2.3.6) und S3 bis S7 betreffend, werden mit dem Umrechnungsfaktor Anforderungen an die charakteristische Keilzinkenbiegefestigkeit festgelegt. Für die simulierten Trägeraufbauten ergeben sich dann die Mindestwerte in Tabelle 2-7. Diese sind im Vergleich mit der aus der Eigenüberwachung verfügbaren charakteristischen Keilzinkenbiegefestigkeit von 38,6 N/mm² vergleichsweise hoch, ausgenommen S2. Da jedoch das in Eigenüberwachung geprüfte keilgezinkte Material keine wirksame maschinelle Sortierung durchlief, ist anzunehmen, dass bei einer tatsächlichen rohdichte- oder elastizitätsmodulbasierten maschinellen Sortierung Mindestwerte in der in Tabelle 2-7 geforderten Größenordnung erreicht werden; denn wenn durch eine simulierte maschinelle Sortierung die Keilzinkenfestigkeit gesteigert werden kann, ist das auch bei einer wirklichen maschinellen Sortierung zu erwarten. Beim Typ S2, dessen Lamellen hinsichtlich der Rohdichte kaum durch den Mindestwert des Elastizitätsmoduls beeinflusst wurden, wird eine charakteristische Keilzinkenzugfestigkeit von nur 18,3 N/mm² simuliert. Das entspricht einer Mindestbiegefestigkeit von 40,1 N/mm².

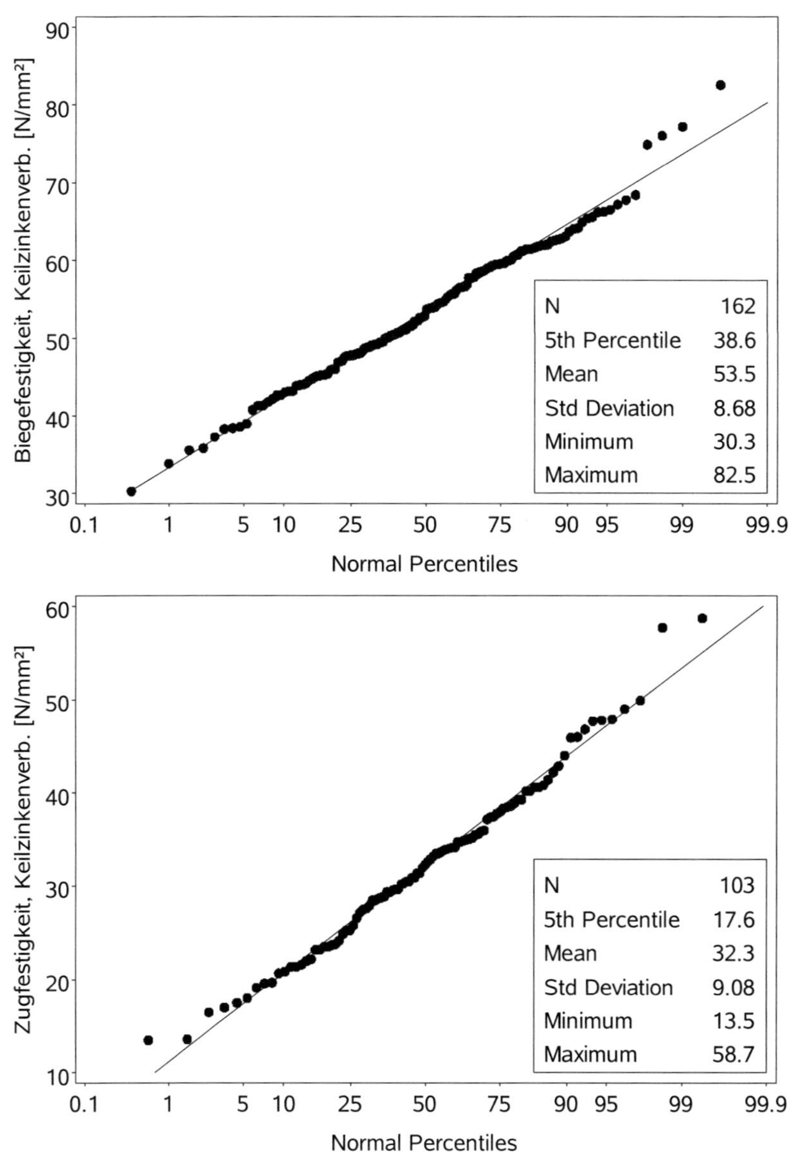

Bild 2-17   Keilzinkenbiege- (o.) und Keilzinkenzugfestigkeit (u.)

Das in Eigenüberwachung keilgezinkte Material, ebenfalls nicht maschinell sortiert, erreicht mit 38,6 N/mm² immerhin 96 % der geforderten Mindestbiegefestigkeit. Dass also ein Niveau von 40 N/mm² bei nicht maschinell sortiertem Material werksmäßig erreicht wird, ist realistisch. Im Rahmen von Fremd- und Eigenüberwachungen ermittelte Keilzinkenbiegefestigkeiten und entsprechende charakteristische Werte werden Unsicherheiten in den zuvor getroffenen Festlegungen in Zukunft beseitigen.

Tabelle 2-7   Mindestwerte der charakteristischen Keilzinkenbiegefestigkeit

Typ	$f_{\mathrm{t,j,k},t=150,\mathrm{sim}}$ in N/mm²		$f_{\mathrm{m,j,k}}$ in N/mm²
S2	18,3	→	40,1
S3	24,0	→	52,6
S4	20,2	→	44,2
S5	19,3	→	42,3
S6	19,3	→	42,3
S7	23,7	→	51,9

2.4.3   Festigkeitsklassen

Die Festigkeitsklassen werden aus den Typen S3 bis S7 entwickelt; Anforderungen beziehen sich daher auf die Keilzinkenzugfestigkeit und durch die Sortierung mittelbar auf die Zugfestigkeit der Bretter. Da die Keilzinkenzugfestigkeit (Tabelle 2-7) ein natürliches Simulationsergebnis ist, dessen Größenordnung, jeweils vom simulierten Material abhängig, reproduzierbar ist, sind die zugehörigen ABSH-Festigkeitswerte lediglich punktuelle theoretische Anhaltswerte. Erst ein Variieren der Keilzinkenfestigkeit ermöglicht die Festlegung sinnvoller Mindestwerte, um auch produktionsbedingte Einflüsse auf die Keilzinkenfestigkeit zu berücksichtigen. Diese sind gegenwärtig noch unbekannt.

Für die Typen S3 bis S7 wurde die charakteristische Keilzinkenzugfestigkeit zwischen 15 und 25 N/mm² variiert. Für jede ab 15 N/mm² um ein N/mm² schrittweise angehobene Keilzinkenzugfestigkeit wurden 1.000 Trägerversuche simuliert und ausgewertet. Die simulierte charakteristische und mittlere Biegefestigkeit sind in Bild 2-18 dargestellt. Für die fünf Typen wird gleichermaßen deutlich, dass ab 15 N/mm² Keilzinkenzugfestigkeit die Biegefestigkeit effektiv gesteigert werden kann und dass oberhalb von 25 N/mm² der Einfluss der Keilzinkenfestigkeit abklingt. Dieser Trend steht im Einklang mit dem prozentualen Keilzinkenversagen. Wenn die Keilzinkenfestigkeit die Biegefestigkeit beeinflusst, liegt auch ein nennenswerter Anteil Keilzinkenversagen vor (Bild 2-19, ℓ.). Ab 22 bzw. 25 N/mm² Zugfestigkeit sinkt der Anteil unter 10 %; die Biegefestigkeit wird dann vorrangig durch die Holzqualität bestimmt (Bild 2-19, r.).

Um das Potenzial der Biegefestigkeit bestmöglich auszunutzen, eignen sich die Festigkeitsklassen GL16 (für S3), GL19 (für S4 und S5) sowie GL22 (für S7). S6 scheidet wegen vorgenannter Gründe aus. Die vertikalen Hilfslinien in Bild 2-18 a sind so festgelegt, dass eine um zufällige Schwankungen bereinigte Kurve der Biegefestigkeit die Kreuzungspunkte zwischen den horizontalen und vertikalen Hilfslinien schneidet. Um dabei unnötig hohe Mindestwerte für die Keilzinkenzugfestigkeit zu vermeiden, befindet sich die Lage der Kreuzungspunkte direkt vor dem Beginn des horizontalen Verlaufs.

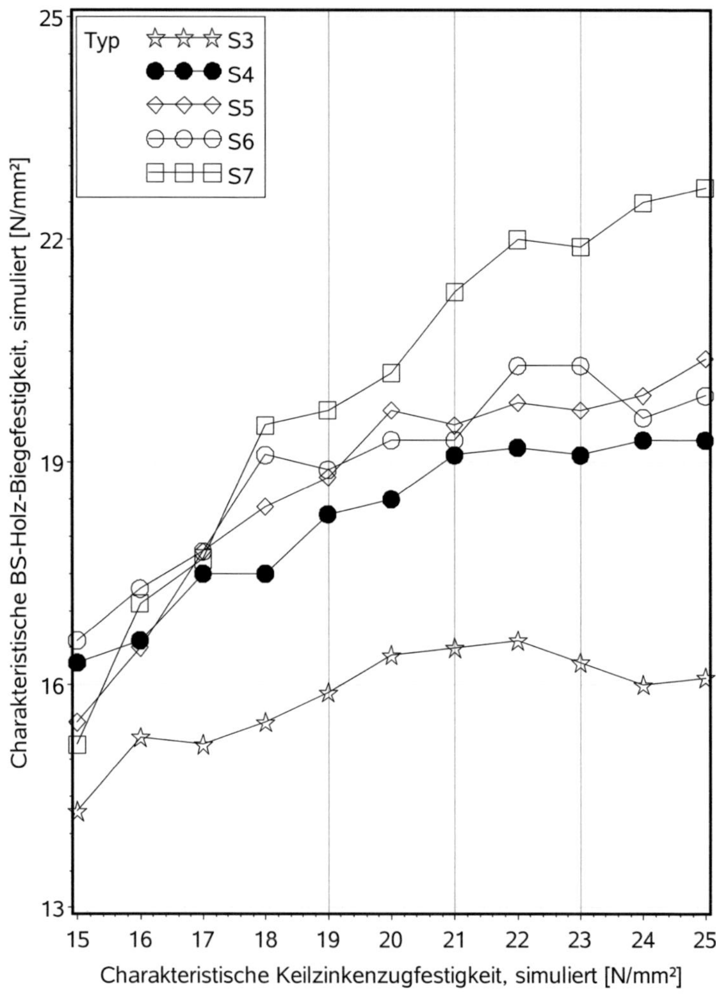

Bild 2-18 a   Einfluss der Keilzinkenfestigkeit auf die charakteristische ABSH-Biegefestigkeit

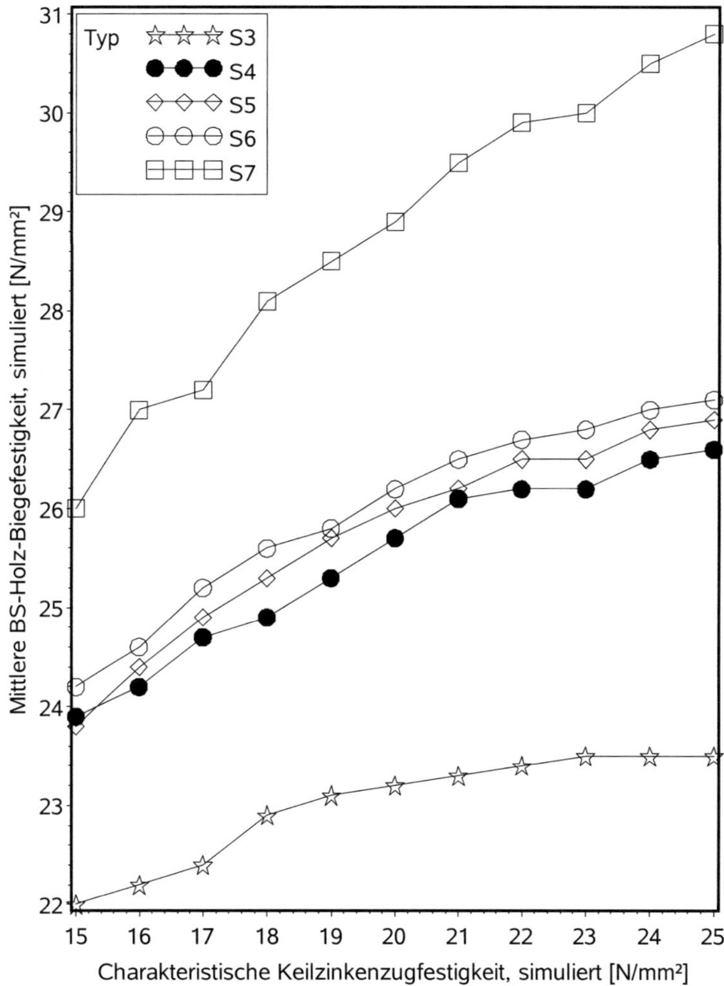

Bild 2-18 b   Einfluss der Keilzinkenfestigkeit auf die mittlere ABSH-Biegefestigkeit

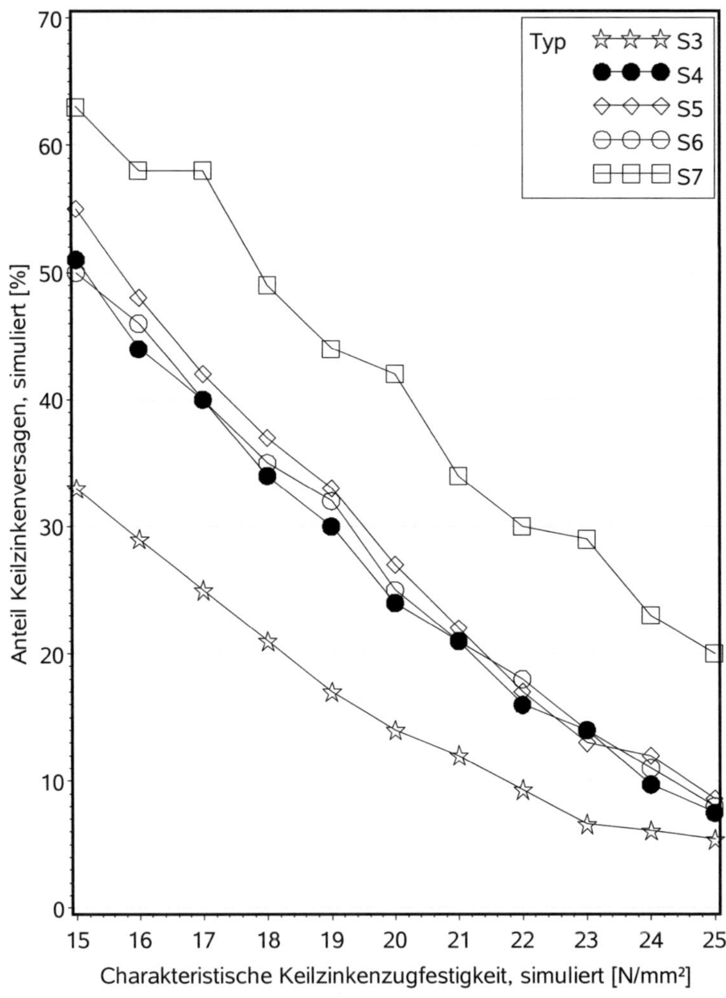

Bild 2-19   Keilzinkenversagen und Festigkeit

Damit ergeben sich für Bretter und Keilzinken die Anforderungen in Tabelle 2-8. Die Kennwerte der mittleren Biegeelastizitätsmoduln entsprechen den jeweiligen Werten in Bild 7-25, die Kennwerte der charakteristischen Elastizitätsmoduln sind berechnet. Die charakteristische Rohdichte ist das um etwa 8 % erhöhte 5-%-Quantil der Bruttorohdichte der (Kern)Lamellen. Die charakteristische Keilzinkenbiegefestigkeit beträgt das 2,19fache der Zugfestigkeit. Von entscheidender Bedeutung für das Erreichen der charakteristischen Biegefestigkeit einer hier angegebenen Festigkeitsklasse ist die qualitative Zusammensetzung des Ausgangsmaterials. Es dürfen daher z. B. auf keinen Fall mit hier untersuchten vergleichbare chilenische Bretter, statt A2-Bretter aus Neuseeland für GL19h verwendet werden. Die herkunftsbedingt signifikanten Unterschiede zwischen den Ästigkeiten können durch die konstanten Grenzen des *DEB*- und *DAB*-Wertes, zum Zwecke eines stets einheitlichen Sortierergebnisses festgelegt, nicht beseitigt werden. Diese Einschränkung muss zunächst vor dem Hintergrund des für diese Forschungsarbeit untersuchten Ausgangsmaterials und seiner spezifischen qualitativen Zusammensetzung gesehen werden. Die Qualität zukünftigen Brettmaterials kann von derjenigen des hier untersuchten Materials abweichen. Es sind daher im Rahmen einer baurechtlichen Regelung geeignete Maßnahmen zu treffen, damit Ausgangsmaterial, Sortierung und Festigkeitsklasse stets miteinander verträglich sind.

2.4.4 Einfluss des Trägervolumens auf die Biegefestigkeit

Unter Beibehaltung des Trägerhöhen-Stützweiten-Verhältnisses von 1/18 wurde die charakteristische Biegefestigkeit der Typen S3, S4, S5 und S7 für unterschiedliche Trägervolumina simuliert. 44.000 einzelne Trägersimulationen bilden diese numerische Untersuchung. Bild 2-20, o. zeigt die individuellen Festigkeitsverläufe zwischen 300 und 3000 mm Trägerhöhe. Erwartungsgemäß durchlaufen die Kurven bei 600 mm die den Typen zugewiesene charakteristische Referenzfestigkeit von 16, 19 bzw. 22 N/mm². Das Normieren der Verläufe derart, dass sich bei 600 mm ein k_h-Faktor von 1,0 einstellt, zeigt Bild 2-20, u. Demnach lassen sich die charakteristischen Referenzwerte mit einem einheitlichen k_h-Faktor anpassen. Der entsprechende Exponent beträgt 1/6,66.

Tabelle 2-8 *Festigkeitsklassen: Rechenwerte für charakteristische Festigkeits-, Steifigkeits- und Rohdichtekennwerte; Anforderungen an die Lamellen und Keilzinkenverbindungen*

	GL16c	GL19h	GL19h	GL22c
	Festigkeitskennwerte in N/mm²			
$f_{m,g,k}$	16	19	19	22
	Steifigkeitskennwerte in GPa			
$E_{0,mean}$	11,0	9,80	9,60	11,2
$E_{0,05}$	10,5	9,00	8,90	10,7
	Rohdichtekennwerte in kg/m³			
ρ_k	480	480	480	480
	Ausgangsmaterial			
	Chile	A2, NS	A1, NS	A2, NS
	Anforderungen an die (Rand)Lamellen			
DEB	≤ 0,33	≤ 0,33	astfrei	≤ 0,20
DAB	≤ 0,50	≤ 0,50	astfrei	≤ 0,33
ρ_{brutto}	-	> 440	> 440	-
E_{dyn}	> 10,5	-	-	> 10,9
ℓ in m	3,6 - 5,0	3,6 - 5,0	3,6 - 5,0	3,6 - 5,0
$f_{t,j,k}$	19	21	19	23
$f_{m,j,k}$	42	46	42	50
	Anforderungen an die Kernlamellen			
DEB	≤ 0,50	-	-	≤ 0,33
DAB	≤ 0,66	-	-	≤ 0,50

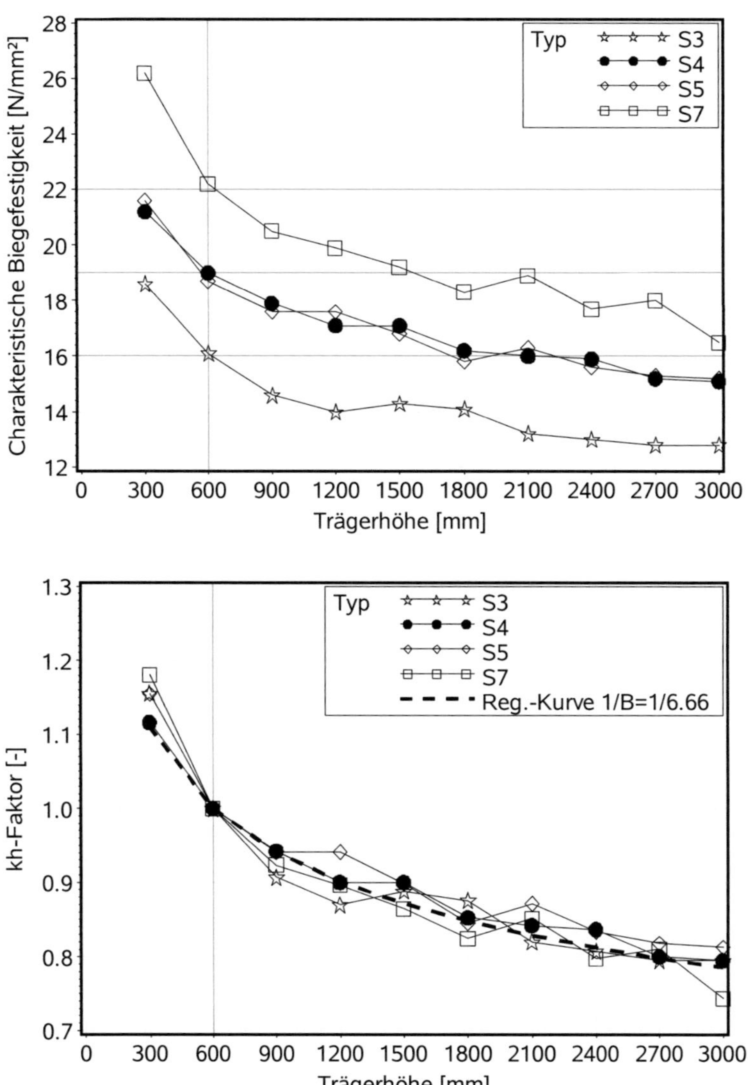

Bild 2-20   Biegefestigkeit und Trägerhöhe: charakteristische Werte (o.) und k_h-Faktor (u.)

3 Tragfähigkeit stiftförmiger Verbindungsmittel

3.1 Untersuchungsmaterial und Methoden

3.1.1 Radiata Kiefer

Neben der Ermittlung der Lochleibungsfestigkeit und des Ausziehparameters für aRK sollte ebenfalls der Einfluss des Acetylierens auf diese Basiswerte zahlenmäßig dargestellt werden. Für einige Versuchsreihen wurden daher Lochleibungs- und Ausziehversuche nicht nur mit aRK, sondern auch mit uRK durchgeführt. Dafür war das im Abschnitt 2.1 beschriebene Vergleichsmaterial abschließend vorgesehen. Für die einzelnen Versuchsreihen benötigte Prüfkörper wurden aus den gepaarten Bretthälften des Vergleichsmaterials so herausgetrennt, dass sie die gesamte Rohdichte- bzw. Steifigkeitsspanne des Vergleichsmaterials gleichermaßen aufwiesen. Dass dieses Vorgehen wirksam war, zeigen die Diagramme in Bild 8-4 und Bild 8-5. Demnach liegen die vier Spannen der Prüfkörperrohdichte, Lochleibungs- und Ausziehversuche mit uRK und aRK betreffend, zwischen 365-559 bzw. 397-560 und 409-633 bzw. 451-601 kg/m³. Mit Ausnahme einiger weniger Extremwerte decken sich die Werte für aRK auch mit der Spanne der Bruttorohdichte, die für die 632 Bretter des acetylierten Ausgangsmaterials gilt (Bild 7-3). BS-Holz-Prüfkörper wurden aus offensichtlich unbeschädigten auflagernahen Bereichen der bereits geprüften Versuchsträger E1 bis E10 realisiert, s. Abschnitt 2.1.2. Fallweise wurden benötigte Dimensionen für BS-Holz-Prüfkörper aus aRK unter Laborbedingungen manuell hergestellt.

3.1.2 Verbindungsmittel

Es wurden Bär Ankernägel, Tragfähigkeitsklasse 3 (Na) mit einem Durchmesser von 4 mm, selbstbohrende Schrauben (Sr), s. Tabelle 3-1, Stabdübel (Sd) mit Durchmessern von 12, 16 und 30 mm, Gewindestangen (Gs) mit einem Holzgewinde nach DIN 7998 [24] und mit Durchmessern von 16 und 20 mm (kurz: H16 bzw. H20) und solche mit einem metrischen Gewinde und ebenfalls mit Durchmessern von 16 und 20 mm (kurz: M16 bzw. M20) verwendet. Mit Ausnahme der Prüfkörper für Zug-

Scher-Versuche wurden selbstbohrende Schrauben ohne Vorbohren eingedreht. Die Gewindestangen mit metrischem Gewinde wurden mit WEVO Spezialharz EP32S und mit Härter B22TS (Z-9.1-705) eingeklebt.

Tabelle 3-1   In den Versuchen verwendete Schrauben

Typ	d	Zulassung
	mm	Z-9.1-...
Würth: Assy 3.0	6	514
	8	
	12	
Würth: Assy Plus	6	426
	8	
Rothoblaas: HBS	12	731
BTI: DoTec	6	700
Spax: S-Cut	8	519
	12	
Heco: Topix	6	453
	8	
Schmid Schrauben: Star Drive (normale Spitze)	12	435

3.1.3   Allgemeines zu den Versuchen

Die Lochleibungs-, Auszieh- und Zug-Scher-Versuche wurden in Anlehnung an DIN EN 383 [25], EN 1382 [26] und EN 26891 [27] als Kurzzeitversuche durchgeführt. Nach den Versuchen wurden an kleinen fehlerfreien Querschnittsscheiben der Prüfkörper oder ihrer Einzelteile, die fallweise mehrere Brettlagen umfassten, die Holzfeuchte und Rohdichte ermittelt. Diese Ermittlung orientierte sich an DIN EN 408.

3.1.4   Lochleibungsversuche

Tabelle 3-2 zeigt die Übersicht der Versuche. Für jedes Verbindungsmittel und jeden Durchmesser wurde die Lochleibungsfestigkeit für die Belastungsrichtungen $\alpha = 0°$ und $90°$ ermittelt. Für die Reihen mit Nägeln, 12-mm-Stabdübeln und Schrauben wurden uRK und aRK verwendet. Die Prüfkörperdicke betrug das 2fache des Durchmessers. Einem Spalten (Bild 3-5) bei großen Verbindungsmitteldurchmessern wurde vorgebeugt, indem Prüfkörper aus aRK „gefährdeter" Reihen gezielt mit aufgeklebten Holzstreifen und/oder mit unter $\alpha = 90°$ eingedrehten Vollgewindeschrauben verstärkt wurden (Bild 8-1). Bei den Lochleibungsversuchen mit uRK wurde mit Ausnahme der Reihe Sd, $\alpha = 0°$, d = 12 mm auf die in DIN EN 383 vorgeschriebene Entlastungsschleife verzichtet.

Tabelle 3-2   Lochleibungsversuche

VM	α	d	N_{ub}	N_{ac}
	°	mm		
Na	0	4	10	20
	90	4	10	20
Sd	0	12	24	20
	90	12	10	20
	0	16	-	11
	90	16	-	10
	0	30	-	10
	90	30	-	10
Sr	0	8	31	50
	90	8	30	50
	0	12	12	20
	90	12	12	20
Gs	0	H16	-	10
	90	H16	-	10
Summe			139	281

3.1.5   Ausziehversuche

3.1.5.1   Schrauben

Tabelle 3-3 enthält die Übersicht der Versuche mit Prüfkörpern aus uRK und aRK zu jeweils gleichen Teilen. Die Belastungsrichtung betrug in allen Reihen 90°, die Einschraubtiefe das 8fache des Durchmessers. Bei diesen Versuchen wurden die Zusammenhänge zwischen den Ausziehwiderständen, die in den Prüfkörpern der gepaarten Bretthälften ermittelt wurden, datentechnisch festgehalten. Auf dieser Grundlage werden direkte Vergleiche zwischen Ausziehwiderständen in uRK und aRK dargestellt. Kopfdurchziehversuche waren im Versuchsprogramm nicht vorgesehen.

Tabelle 3-3   Ausziehversuche mit Schrauben

d	α	ℓ_{ef}	N_{ub}	N_{ac}
	°	mm		
6	90	48	20	20
8	90	64	50	50
12	90	96	20	20
Summe			90	90

3.1.5.2   Gewindestangen

Tabelle 3-4 enthält die Übersicht der Versuche mit eingeschraubten und eingeklebten Gewindestangen. Bild 3-1 zeigt die Prüfkörper und deren Belastung. Prüfkörper für H16- und H20-Stangen wurden mit 13 bzw. 16 mm und diejenigen für M16- und M20-Stangen mit 20 mm bzw. 24 mm vorgebohrt. Mit geeigneten Abstandsringen wurde beim Einkleben der M16- bzw. M20-Stangen ein gleichmäßiger Abstand zwischen der Bohrlochwandung und der „Mantelfläche" der Stangen sichergestellt. Die Prüfung erfolgte fünf Tage nach Herstellung der Klebeverbindung.

Tabelle 3-4   Ausziehversuche mit Gewindestangen

Verankerung	VM/d	α	ℓ_{ef} bzw. ℓ_{ad}	N_{ac}
	mm	°	mm	
Eingeschraubt	H16	0	15·d = 240	5
	H16	90	200	5
	H20	0	15·d = 300	5
	H20	90	200	5
Eingeklebt	M16	0	15·d = 240	5
	M16	90	200	5
	M20	0	15·d = 300	5
	M20	90	200	5

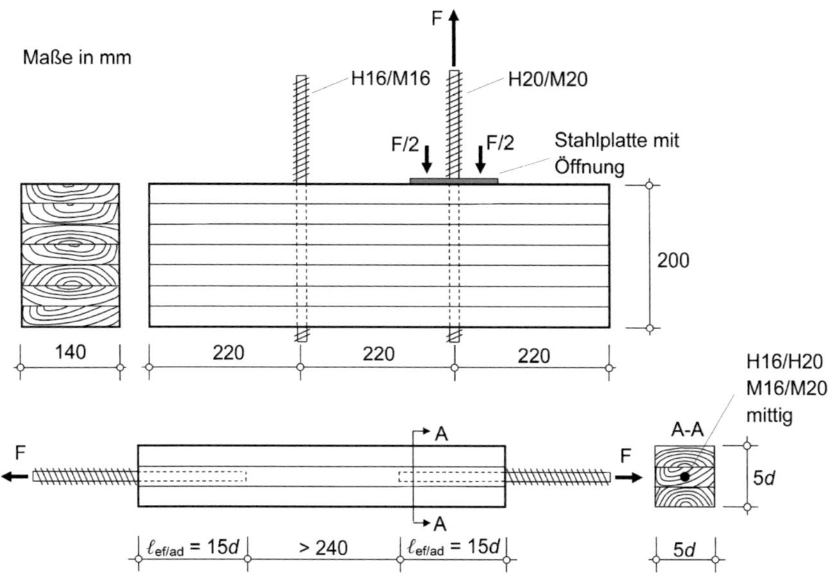

Bild 3-1   Ausziehversuche mit Gewindestangen: α = 90° (o.) und α = 0° (u.)

Bei den Ausziehversuchen mit $\alpha = 90°$ beugte eine Stahlplatte zwischen Prüfkörper und Widerlager mit einer 80 x 80 bzw. 125 x 100 mm² großen Öffnung einem globalen Querzugversagen vor. Der Auszieh- (f_{ax}) und Verbundparameter ($\pi \cdot f_k$) wurde in Abhängigkeit vom Ausziehwiderstand (F_{max}) mit den Gleichungen (10) bzw. (11) berechnet. Die π-fache Klebefugenfestigkeit dient dabei Vergleichszwecken. Bei den Prüfkörpern für $\alpha = 90°$ wurde für die gepaarten Ausziehversuche mit H16- und H20- bzw. M16- und M20-Stangen vereinfachend eine gemeinsame Rohdichteprobe aus der Mitte der Prüfkörper entnommen.

$$f_{ax} = \frac{F_{Max}}{\ell_{ef} \cdot d} \qquad (10) \qquad\qquad \pi \cdot f_k = \frac{F_{Max}}{\ell_{ad} \cdot d} \qquad (11)$$

3.1.6 Zug-Scher-Versuche

Zur Untersuchung des Zusammenwirkens mehrerer Verbindungsmittel und zur Validierung von in Einzelversuchen ermittelten Lochleibungsfestigkeiten wurden zwei Typen von Zug-Scher-Verbindungen geprüft: Reihe R1 mit Schmid Teilgewindeschrauben ($d = 12$ und $\ell = 200$ mm) und Reihe R2 mit 16-mm-Stabdübeln aus S 355. Jede Reihe umfasste fünf geometrisch identische Prüfkörper. Bild 3-2 zeigt ihre Form, die Anordnung der Verbindungsmittel, die Belastung und die für jede Scherfläche individuell angebrachte induktive Wegmessung (iW) für die Relativverschiebung zwischen Mittel- und Seitenholz. Die eingetragenen Rand- und Verbindungsmittelabstände wurden in Anlehnung an DIN 1052 [28] für Schrauben und Stabdübel festgelegt.

3.2 Ergebnisse und Festigkeitskennwerte

3.2.1 Lochleibungsversuche

3.2.1.1 Unbehandelte Radiata Kiefer

In Bild 8-2 sind für alle untersuchten Verbindungsmittel und $\alpha = 0°$ und $90°$ die Lastverformungskurven der Lochleibungsversuche zusammengestellt. In den Diagrammen ist die Relativverschiebung (Weg) zwischen Verbindungsmittel und Prüfkörper definitionsgemäß auf 5 mm begrenzt.

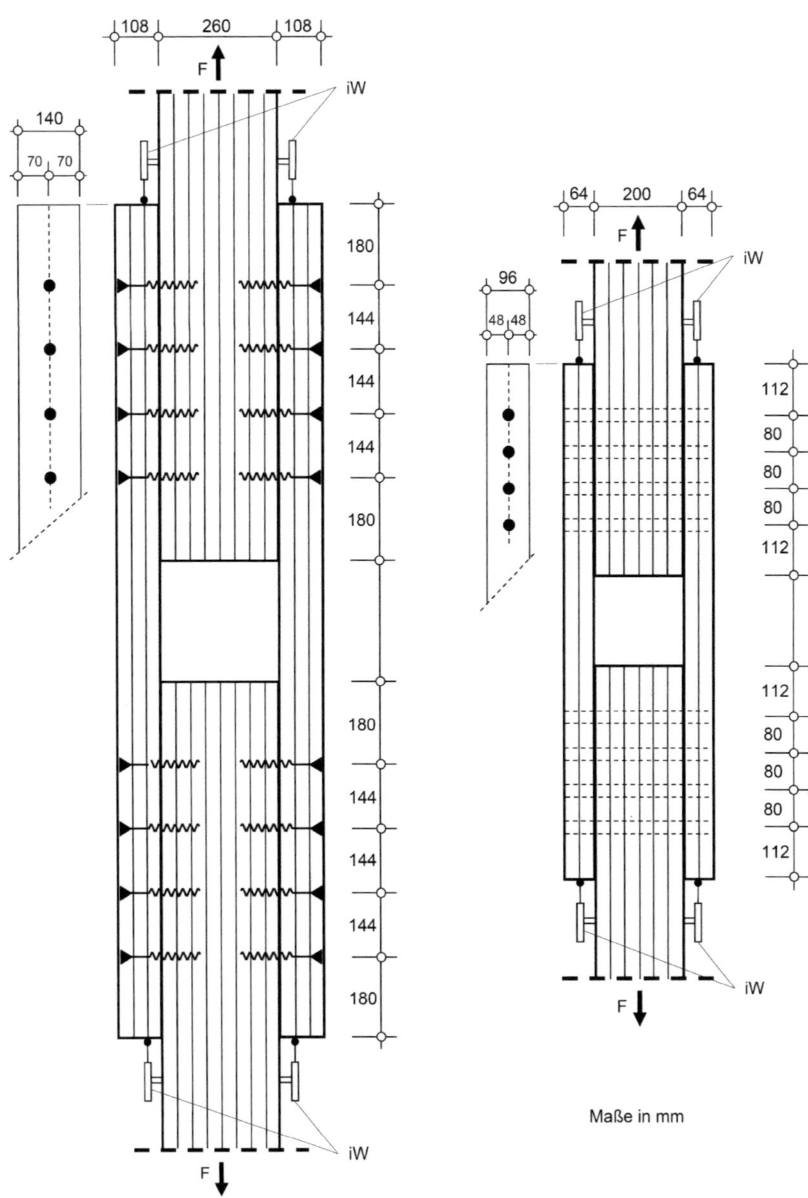

Bild 3-2   Zug-Scher-Versuche mit Schrauben (ℓ.) und Stabdübeln (r.)

Die Kurvenfächer zeigen, dass bei der Belastungsrichtung von 0° nach einer Verschiebung von 5 mm unabhängig vom Verbindungsmittel die Höchstlast fast ausnahmslos erreicht ist, wohingegen bei 90° über 5 mm hinaus die Belastung in einer Vielzahl der Fälle weiter zunehmen wird. Insofern greift bei der Berechnung der Lochleibungsfestigkeit für $\alpha = 0°$ das Kriterium Höchstlast-vor-5-mm und bei $\alpha = 90°$ das 5-mm-Verschiebungskriterium. Abgesehen von Rissen mit wenigen Millimeter Länge waren Prüfkörper, deren Verbindungsmittel mit $\alpha = 0°$ belastet wurden, unempfindlich gegen Spalten. Tabelle 3-5 enthält die statistischen Kennwerte der Lochleibungsfestigkeit für die Belastungsrichtungen $\alpha = 0°$ bzw. 90°. Bild 3-3 zeigt die Lochleibungsfestigkeiten in Abhängigkeit von der Rohdichte der Prüfkörper ebenfalls getrennt für jede Belastungsrichtung.

Tabelle 3-5   Statistik der Lochleibungsfestigkeit

VM	d	$\overline{x}$	Min	Max	s	v	$\tilde{x}_{0,05}$
	mm	N/mm^2	N/mm^2	N/mm^2	N/mm^2	%	N/mm^2
$\alpha = 0°$							
Na	4	33,8	25,2	39,9	4,59	13,6	-
Sd	12	27,1	21,2	34,3	3,51	13,0	21,8
Sr	8	21,7	16,1	27,4	2,88	13,3	17,3
Sr	12	19,0	14,7	27,8	3,82	20,1	-
$\alpha = 90°$							
Na	4	43,2	18,0	66,8	13,7	31,6	-
Sd	12	19,9	15,7	23,8	2,40	12,0	-
Sr	8	24,5	15,0	43,2	6,61	27,0	16,1
Sr	12	18,0	13,9	22,6	3,31	18,4	-

In Bild 8-4 sind die Verteilung der Rohdichte und die Häufigkeitsverteilung der Holzfeuchte dargestellt: Die mittlere Rohdichte der Prüfkörper aus uRK beträgt 457 kg/m³ bei einer mittleren Holzfeuchte von 12 %.

Außer bei den Ankernägeln, die rechtwinklig zur Faser belastet wurden, liegt bei allen in Bild 3-3 dargestellten Versuchsreihen ein ähnlicher Gradient der linearen Abhängigkeit vor, wobei das Niveau der Lochleibungsfestigkeit mit zunehmendem Verbindungsmitteldurchmesser abnimmt. Bei gleichem Durchmesser weisen jedoch Schrauben kleinere Lochleibungsfestigkeiten auf als Stabdübel; da bei Schrauben die Lochleibungsspannungen auf der Breite des Kerndurchmessers zuzüglich eines Anteils aus den Gewindeflanken wirken, führt die Berechnung der Lochleibungsfestigkeit mit dem (Nenn-)Durchmesser bei Schrauben zu scheinbar kleineren Werten.

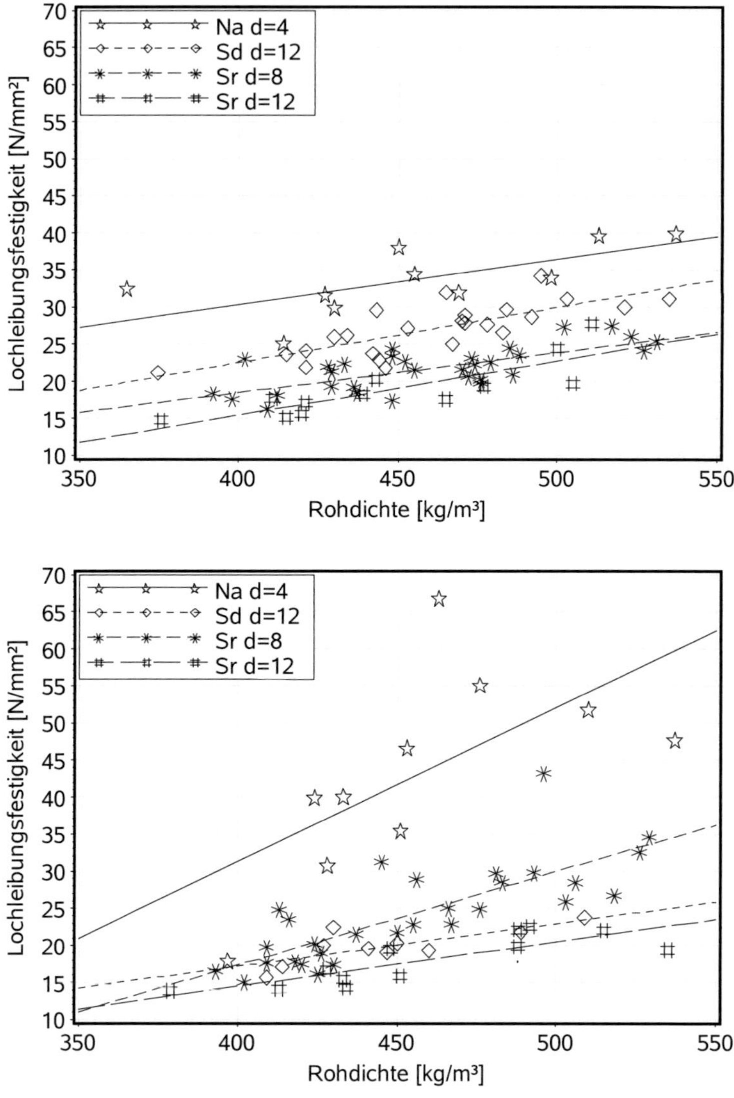

Bild 3-3   *Lochleibungsfestigkeit und Rohdichte für uRK und $\alpha = 0°$ (o.) und*
        $\alpha = 90°$ (u.)

3.2.1.2   Acetylierte Radiata Kiefer

In Bild 8-3 sind die Lastverformungskurven zusammengestellt. Es gelten die Ausführungen in Abschnitt 3.2.1.1 sinngemäß. Tabelle 3-6 enthält die statistischen Kennwerte der Lochleibungsfestigkeit. Bild 3-4 a zeigt die Rohdichteabhängigkeit der Lochleibungsfestigkeiten für die Belastungsrichtung $\alpha = 0°$ und Teilbild b für 90°. Bei nahezu allen Reihen erstreckt sich die Rohdichte mindestens von 450 bis 600 kg/m³. Ausgewählte Formen des Lochleibungsversagens sind in Bild 8-6 zusammengestellt. Bild 8-4 zeigt die Verteilung der Rohdichte und die Häufigkeitsverteilung der Holzfeuchte: Die mittlere Rohdichte der Prüfkörper aus aRK beträgt 514 kg/m³ bei einer mittleren Holzfeuchte von etwa 3,4 %.

Tabelle 3-6   *Statistik der Lochleibungsfestigkeit*

VM	d	$\bar{x}$	Min	Max	s	v	$\tilde{x}_{0,05}$
	mm	N/mm²	N/mm²	N/mm²	N/mm²	%	N/mm²
$\alpha = 0°$							
Na	4	66,3	53,6	87,3	8,65	13,1	53,6
Sd	12	49,8	40,6	65,1	7,78	15,6	40,6
Sd	16	51,7	39,9	65,4	7,55	14,6	-
Sd	30	51,6	45,0	56,6	3,40	6,58	-
Sr	8	34,4	28,2	50,0	4,51	13,1	29,4
Sr	12	29,8	21,3	43,6	5,60	18,8	21,3
Gs	H16	42,3	32,8	53,1	6,42	15,2	-
$\alpha = 90°$							
Na	4	60,2	31,4	87,9	13,6	22,6	31,4
Sd	12	30,0	21,0	52,9	7,32	24,4	21,0
Sd	16	30,0	19,8	41,3	7,78	26,0	-
Sd	30	28,3	23,1	33,9	3,36	11,9	-
Sr	8	32,1	18,6	50,1	6,05	18,9	21,3
Sr	12	28,8	15,5	40,7	6,51	22,6	15,5
Gs	H16	26,1	16,6	37,5	6,11	23,4	-

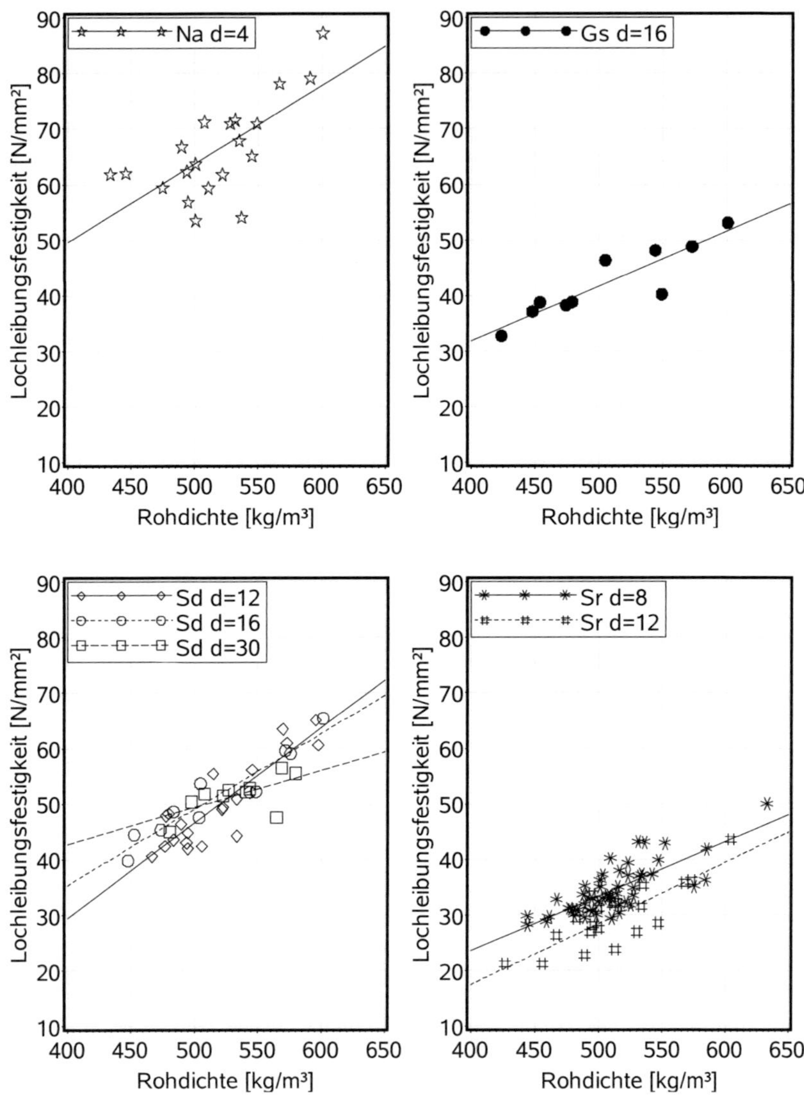

Bild 3-4 a   Lochleibungsfestigkeit und Rohdichte für aRK und α = 0°

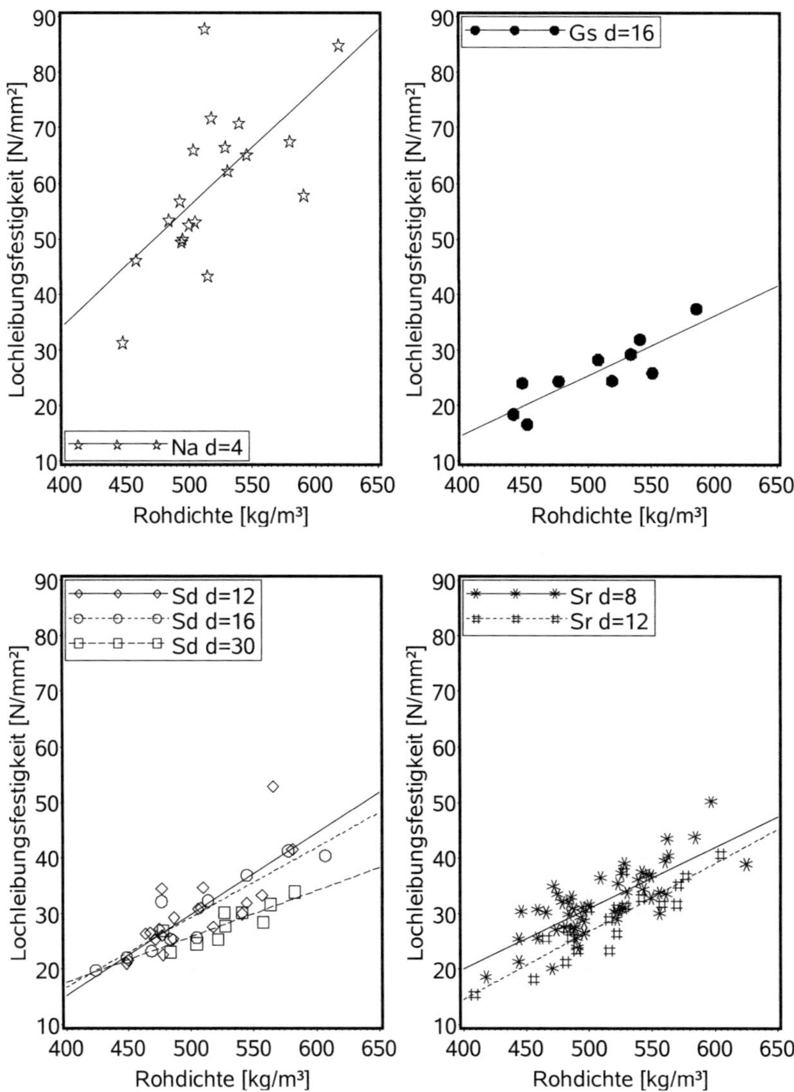

Bild 3-4 b   Lochleibungsfestigkeit und Rohdichte für aRK und $\alpha = 90°$

Die vergleichende Darstellung in Bild 3-4, in der alle einander entsprechenden Achsen gleich skaliert sind, verdeutlicht: 1. Bei den Ankernägeln und Schrauben ist der festigkeitsmindernde Einfluss der Belastungsrichtung $\alpha = 90°$ deutlich schwächer ausgeprägt als bei Gewindestangen und Stabdübeln. 2. Der Gradient der linearen Abhängigkeit der Festigkeit von der Rohdichte ist bei Nägeln, Gewindestangen, Stabdübeln und Schrauben ähnlich und bei diesen Verbindungsmitteln auch unabhängig von der Belastungsrichtung (ausgenommen ist wie bei uRK die Beziehung der unter $\alpha = 90°$ geprüften Nägel). 3. Die Lochleibungsfestigkeit sinkt moderat mit steigendem Verbindungsmitteldurchmesser.

3.2.1.3   Ergebnisvergleich

Tabelle 3-7 zeigt in der letzten Spalte die Verhältnisse zwischen den Mittelwerten der Lochleibungsfestigkeiten, die an aRK und uRK ermittelt wurden. Die Verhältnisse für $\alpha = 0°$ liegen zwischen 1,6 und 2,0, diejenigen für $\alpha = 90°$ sind etwas niedriger und liegen zwischen 1,3 und 1,6. Insofern werden ebenfalls die Verhältnisse zwischen der Lochleibungsfestigkeit für $\alpha = 0°$ und derjenigen für $\alpha = 90°$ durch das Acetylieren verändert. Am stärksten ist diese Veränderung bei den Nägeln und am geringsten bei den Schrauben ausgeprägt. Die durch das Acetylieren bedingte Zunahme der Rohdichte beträgt 12 % (514 kg/m³/457 kg/m³) und die Abnahme der Holzfeuchte 72,3 % (3,37 %/12,1 %). Die Veränderung der Rohdichte deckt sich mit den Feststellungen in Abschnitt 2.2.2. Die unbehandelten und acetylierten Prüfkörper besitzen daher eine ursprünglich vergleichbare Rohdichte. Der Mittelwert der Holzfeuchte von 3,37 % liegt nur geringfügig über derjenigen, die nach dem Tauchverfahren in der Holzforschung München an den 50 Druck- und 174 Zugprüfkörpern ermittelt wurden. Diese betragen 1,82 % bzw. 2,29 % (Bild 7-14 a und c). Die durch das Acetylieren hervorgerufene niedrige Holzfeuchte bewirkt offensichtlich eine ausgeprägte Festigkeitszunahme bei den im Wesentlichen auf Druckbeanspruchung basierenden Lochleibungsfestigkeiten. Diese Festigkeitszunahme ist betragsmäßig wesentlich größer als die in Abschnitt 2.2.2 diskutierte Festigkeitsabnahme aufgrund der bei aRK reduzierten tragenden Holzsubstanz.

Tabelle 3-7   Einfluss der Acetylierung auf die Lochleibungsfestigkeit

VM	d	$\overline{X}_{ub}$	$\overline{X}_{ac}$	$\overline{X}_{ac} / \overline{X}_{ub}$
	mm	N/mm^2	N/mm^2	
$\alpha = 0°$				
Na	4	33,8	66,3	2,0 (1,43*)
Sd	12	27,1	49,8	1,8 (1,22*)
Sr	8	21,7	34,4	1,6 (1,23*)
Sr	12	19,0	29,8	1,6 (1,00*)
$\alpha = 90°$				
Na	4	43,2	60,0	1,4
Sd	12	19,9	30,0	1,5
Sr	8	24,5	32,1	1,3
Sr	12	18,0	28,8	1,6

$$* \; \frac{(\overline{X}_{ac} / \overline{X}_{ub})_{\alpha=0°}}{(\overline{X}_{ac} / \overline{X}_{ub})_{\alpha=90°}}$$

3.2.1.4   Spaltverhalten

Der Zusammenhang zwischen der Lochleibungsfestigkeit und dem Spaltverhalten lässt sich anhand einiger Ergebnisse von Lochleibungsversuchen an unverstärkten und verstärkten Prüfkörpern tendenziell aufzeigen; als statistisch signifikant sind die nachfolgend diskutierten Unterschiede zwischen den Mittelwerten der Lochleibungsfestigkeit nicht zu bewerten. Nur unverstärkte Prüfkörper wurden unter anderem für Gewindestangen mit $d = 16$ mm und Schrauben mit $d = 8$ und 12 mm verwendet, unverstärkte und verstärkte für Stabdübel mit $d = 12$ und 30 mm und nur verstärkte für Stabdübel mit $d = 16$ mm. Die Ausprägung des Spaltens nach erfolgtem Versuch wurde entweder als „teilweise" oder „vollständig gespalten" klassifiziert (Bild 3-5). Bild 3-6 zeigt den Zusammenhang zwischen der mittleren Lochleibungsfestigkeit, die um Einflüsse aus der Rohdichte weitgehend bereinigt ist, und der Ausprägung des Spaltverhaltens. Bei unverstärkten (unverst.) Prüfkörpern gibt es keine belastbaren Hinweise für einen Zusammenhang zwischen dem Spaltverhalten und der Lochleibungsfestigkeit. Diese Aussage stützt sich insbesondere auf die 50 Versuche mit 8-mm-Schrauben, bei denen die drei Ausprägungen rissfrei bzw. teilweise und vollständig gespalten zu etwa gleichen Teilen vorlagen. Unverstärkte teilweise bzw. vollständig gespaltene Prüfkörper weisen eine etwas niedrigere Lochleibungsfestigkeit auf als verstärkte teilweise gespaltene. Bei verstärkten Prüfkörpern besitzen die vollständig gespaltenen eine höhere Lochleibungsfestigkeit als die nur teilweise gespaltenen. Diese Zusammenhänge sind plausibel: Das Vorhandensein einer hohen Lochleibungsfestigkeit widerspricht nicht dem Vorhandensein einer hohen Bruchenergie, die für die Entstehung von Oberflächen beim vollständigen Spalten erforderlich ist. Im Gegensatz zu den Prüfkörpern aus aRK besaßen diejenigen aus uRK, deren Verbindungsmittel unter $\alpha = 0°$ beansprucht wurden, keine Neigung zum Spalten.

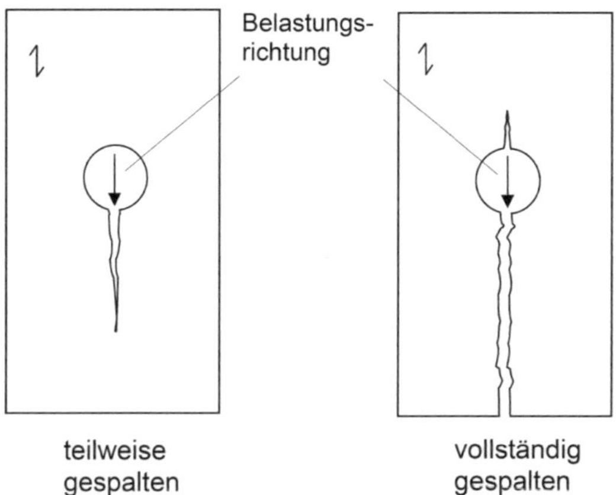

Bild 3-5   Formen des Spaltens beim Lochleibungsversuch

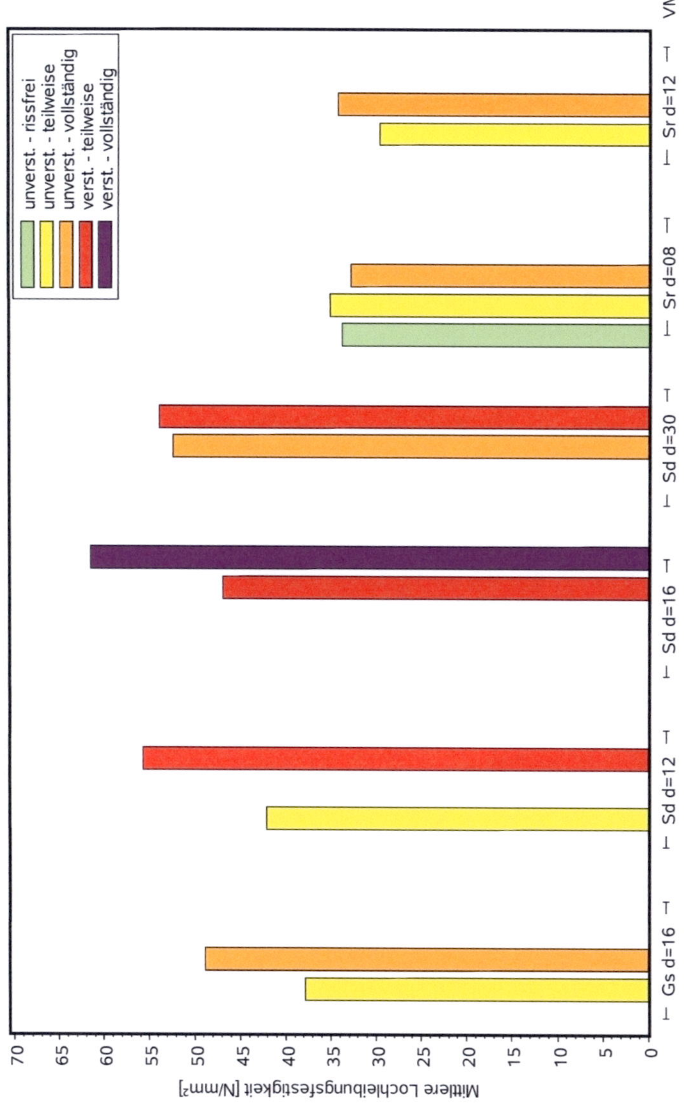

Bild 3-6　　Lochleibungsfestigkeit und Ausprägung des Spaltverhaltens

3.2.1.5 Modelle für die Lochleibungsfestigkeit

Nachfolgend sind Festigkeitsmodelle, Ergebnisse von Regressionsanalysen, für die Lochleibungsfestigkeit von Schrauben, Stabdübeln, Nägeln und Gewindestangen aufgeführt. Behandelt werden an erster Stelle ganzrationale Funktionen mehrerer Veränderlicher und an zweiter und dritter solche, die normativen Ansätzen entsprechen. In den Gleichungen (12) bis (20) sind ρ in kg/m³, d in mm und α in Radiant einzusetzen. Die Einheit der Lochleibungsfestigkeit ist N/mm². Zu allen Modellen folgen Diagramme mit Beziehungen zwischen den experimentellen Werten und den Erwartungswerten (Bild 3-7 bis Bild 3-10). Die symbolhafte Unterscheidung zwischen unterschiedlichen Durchmessern bzw. den Belastungsrichtungen $\alpha = 0°$ und $90°$ verdeutlicht, wie zutreffend eine Variation dieser beiden Unabhängigen jeweils wiedergegeben wird. In der Regel weisen die ganzrationalen Funktionen das höchste Bestimmtheitsmaß auf und sind als Grundlage für das Modellieren von Festigkeitswerten in Abhängigkeit von der charakteristischen Rohdichte, vgl. Tabelle 2-8, sehr gut geeignet. Hierzu bieten sich ein Simulationsverfahren [19] oder das schlichte Einsetzen einer zutreffenden charakteristischen Rohdichte von aRK an.

Schrauben:

$$f_{h,\alpha,p} = -12,51 + 0,1088 \cdot \rho - 1,095 \cdot d - 0,8338 \cdot \alpha^2 + e$$
$$N = 140 \qquad r^2 = 0,69 \qquad e: N(0;3,29) \tag{12}$$

$$f_{h,p} = -23,57 + 0,1665 \cdot \rho \cdot d^{-0,1937} + e$$
$$N = 140 \qquad r^2 = 0,65 \qquad e: N(0;3,46) \tag{13}$$

$$f_{h,p} = 0,1280 \cdot \rho \cdot d^{-0,3229} + e$$
$$N = 140 \qquad r^2 = 0,55 \qquad e: N(0;3,93) \tag{14}$$

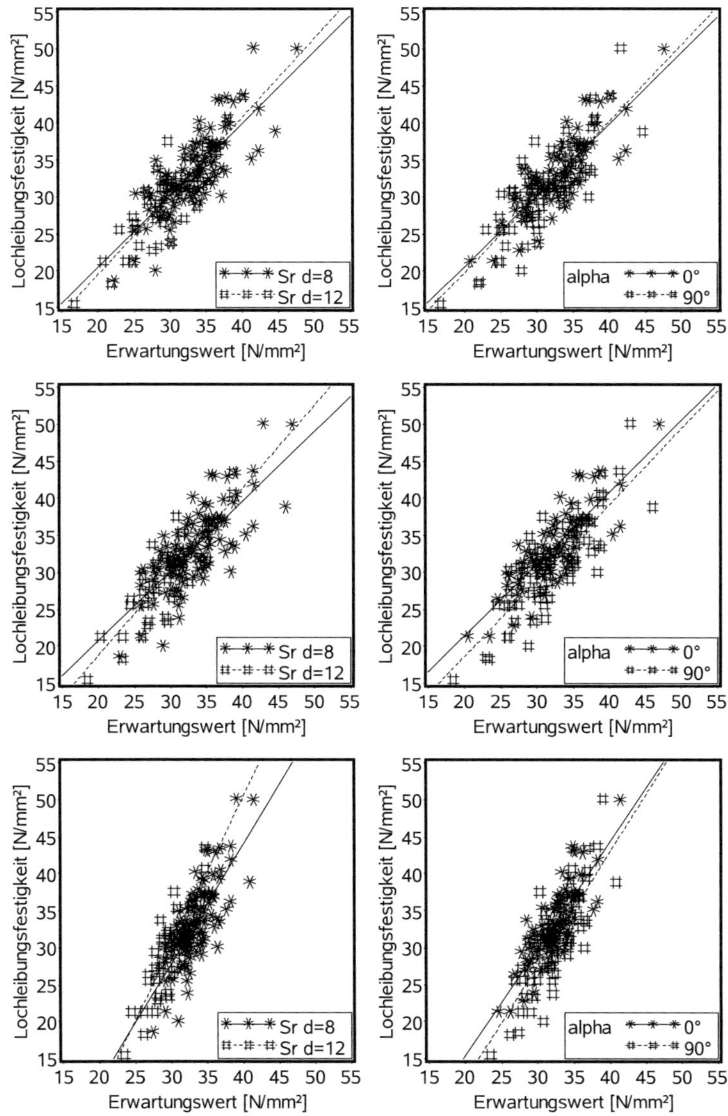

Bild 3-7   *Experimentelle und modellierte Lochleibungsfestigkeit; v. o. n. u.:*
Auswertung der Gleichung (12), (13) und (14)

Stabdübel:

$$f_{h,\alpha,p} = -24{,}03 + 0{,}1453 \cdot \rho - 0{,}003217 \cdot d^2 - 0{,}02457 \cdot \rho \cdot \alpha + e \tag{15}$$

$$N = 80^a \qquad r^2 = 0{,}93 \qquad e\text{: } N(0;3{,}22)$$

$$f_{h,\alpha,p} = -25{,}80 + \frac{0{,}1481 \cdot (1 - 0{,}00061 \cdot d) \cdot \rho}{(1{,}271 + 0{,}00491 \cdot d) \cdot \sin^2\alpha + \cos^2\alpha} + e$$

$$N = 80^a \qquad r^2 = 0{,}94 \qquad e\text{: } N(0;3{,}15) \tag{16}$$

^{a}ein Ausreißer eliminiert

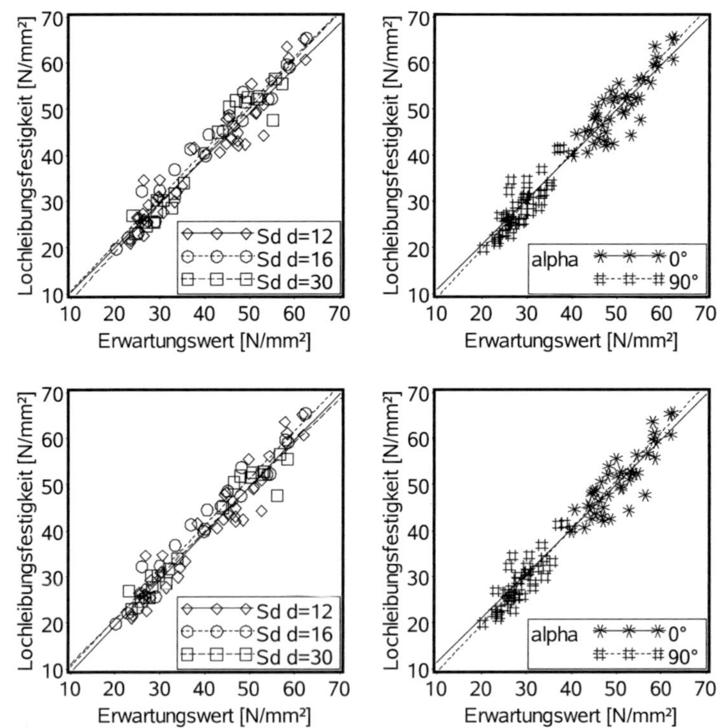

Bild 3-8   Experimentelle und modellierte Lochleibungsfestigkeit; v. o. n. u.:
Auswertung der Gleichung (15) und (16)

Nägel:

$$f_{h,\alpha,p} = -7,121 + 0,1416 \cdot \rho - 17,62 \cdot \alpha^2 + 0,04294 \cdot \rho \cdot \alpha + e$$

$$N = 39^a \qquad r^2 = 0,60 \qquad e: N(0;7,00) \tag{17}$$

$$f_{h,p} = -26,67 + 0,260 \cdot \rho \cdot d^{-0,3} + e$$

$$N = 39^a \qquad r^2 = 0,44 \qquad e: N(0;8,31) \tag{18}$$

[a] ein Ausreißer eliminiert

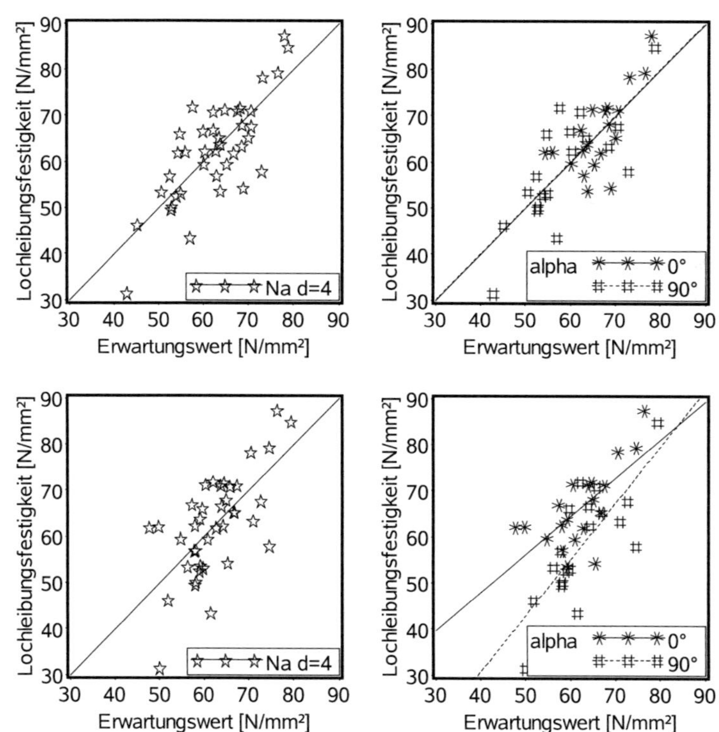

Bild 3-9   Experimentelle und modellierte Lochleibungsfestigkeit; v. o. n. u.:
Auswertung der Gleichung (17) und (18)

Gewindestangen:

$$f_{h,\alpha,p} = -9{,}132 + 0{,}1018 \cdot \rho - 10{,}34 \cdot \alpha + e$$

$$N = 20 \qquad r^2 = 0{,}92 \qquad e\colon N(0;2{,}85)$$

(19)

$$f_{h,\alpha,p} = -15{,}83 + \frac{0{,}1367 \cdot (1 - 0{,}01 \cdot d) \cdot \rho}{(1{,}142 + 0{,}015 \cdot d) \cdot \sin^2\alpha + \cos^2\alpha} + e$$

$$N = 20 \qquad r^2 = 0{,}91 \qquad e\colon N(0;3{,}04)$$

(20)

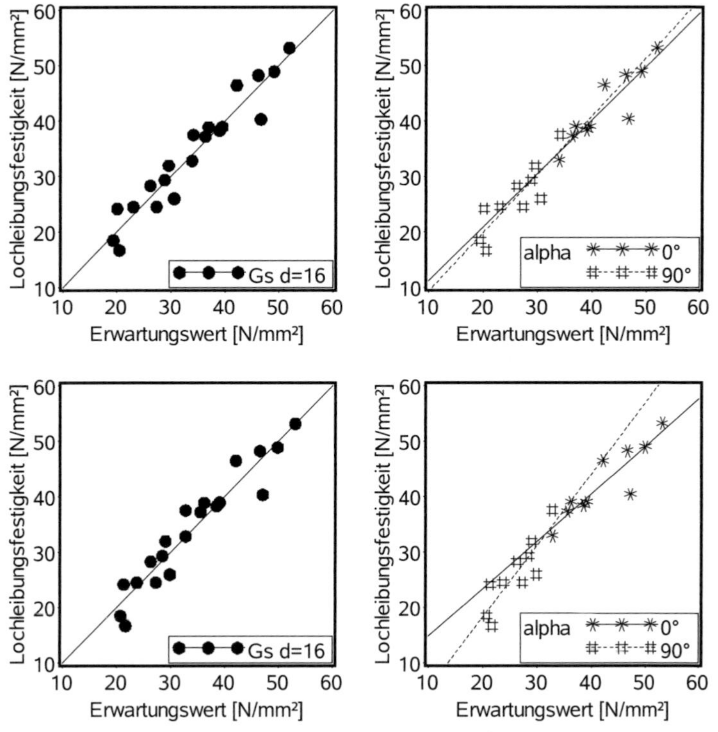

Bild 3-10   *Experimentelle und modellierte Lochleibungsfestigkeit; v. o. n. u.:*
Auswertung der Gleichung (19) und (20)

3.2.2   Ausziehversuche

3.2.2.1   Schrauben

Tabelle 3-8 enthält die statistischen Kennwerte der Ausziehwiderstände von Schrauben in uRK und aRK. Bild 3-11 zeigt den direkten Zusammenhang zwischen den Einzelwerten, die in den gepaarten Bretthälften ermittelt wurden; in Bild 8-7 ist derselbe Zusammenhang für die drei unterschiedlichen Durchmesser getrennt dargestellt. Die lineare Regressionsbeziehung in Bild 3-11, alle drei Einzelbeziehungen aus Bild 8-7 zutreffend erfassend, ist durch Gleichung (21) spezifiziert, mit R_{ax} in N/mm². Damit ergeben sich für aRK bei 6 mm dicken Schrauben im Mittel um 20 % erhöhte und bei 12 mm dicken um etwa 12 % erhöhte Ausziehwiderstände im Vergleich mit uRK. Die durch das Acetylieren bedingte Zunahme der Rohdichte und die Abnahme der Holzfeuchte betragen erwartungsgemäß 12 % (515/459) bzw. 73 % (3,35/12,3), s. Bild 8-5.

$$R_{ax,ac} = 1362 + 1,072 \cdot R_{ax,ub} + e$$
$$N = 90 \qquad r^2 = 0,95 \qquad e: N(0;1620)$$

(21)

Tabelle 3-8   Statistik der Ausziehwiderstände

VM	d	$\overline{x}$	Min	Max	s	v
	mm	N	N	N	N	%
			uRK			
Sr	6	6610	5220	8170	828	12,5
	8	10500	7190	13200	1350	12,8
	12	24300	19600	31300	2690	11,1
			aRK			
Sr	6	7960	6380	10100	1040	13,1
	8	12900	9530	18400	2040	15,8
	12	27300	20700	37200	3800	14,0

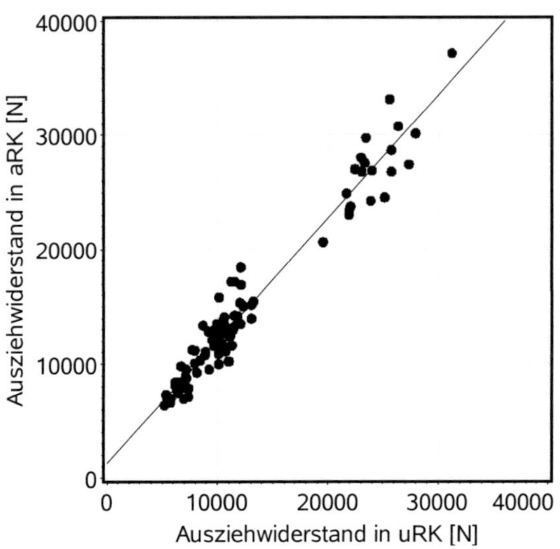

Bild 3-11   Ausziehwiderstände in gepaarten, unbehandelten und acetylierten Bretthälften (vgl. Bild 2-2)

Das Acetylieren wirkt sich folglich auf den Ausziehwiderstand nicht gleichermaßen erhöhend aus wie auf die Lochleibungsfestigkeit, vgl. Tabelle 3-7, weil beim Ausziehen einer Schraube im das Gewinde umgebenden Holz offensichtlich andere Haltemechanismen wirksam sind. Diese sind im Gegensatz zur Lochleibungsfestigkeit einer einfachen Anschauung nach durch lokale Widerstände aus Querzug- und (Roll)-schubfestigkeit bedingt.

Tabelle 3-9 enthält die statistischen Kennwerte der mit Durchmesser und Einschraubtiefe berechneten Ausziehparameter, zunächst für uRK und dann für aRK. Das Mittel für alle drei Durchmesser nimmt durch das Acetylieren um 21 % zu. Bei aRK ist der Ausziehparameter weitgehend durchmesserunabhängig: Mittelwerte, Minima und Maxima sind sich sehr ähnlich. Bei den Versuchen wurden der Durchmesser und die Einschraubtiefe nicht unabhängig voneinander variiert (Tabelle 3-3); Durchmesser und Einschraubtiefe sind folglich kollinear. Ein allgemeingültiges Festigkeitsmodell mit diesen beiden Werten lässt sich daher nicht entwickeln. Sinnvoll ist insofern das Festlegen eines konstanten charakteristischen Ausziehparameters in der Größenordnung von

$$f_{ax,k} = 20,0\,\text{N/mm}^2 \,.$$

Dieser Wert entspricht dem charakteristischen Wert, der für alle geprüften Durchmesser gilt (Tabelle 3-9, r. u.). Differenziertere Festlegungen für den charakteristischen Ausziehparameter sind mit dem Festigkeitsmodell (22) möglich, mit f_{ax} in N/mm² und ρ in kg/m³. Damit lassen sich durchmesserunabhängig auch Einflüsse aus der Rohdichte auf den Ausziehparameter darstellen, vgl. Bild 3-12 bzw. Bild 8-8.

$$f_{ax} = -11,0 + 0,0711 \cdot \rho + e$$
$$N = 90 \qquad r^2 = 0,43 \qquad e: N(0;3,09)$$

$$\tag{22}$$

Tabelle 3-9   Statistik der Ausziehparameter

VM	d	$\overline{x}$	Min	Max	s	v	$\tilde{x}_{0,05}$
	mm	N/mm²	N/mm²	N/mm²	N/mm²	%	N/mm²
			uRK				
Sr	6	23,0	18,1	28,4	2,88	12,5	18,1
Sr	8	20,6	14,0	25,9	2,63	12,8	15,6
Sr	12	21,1	17,0	27,2	2,33	11,1	17,0
Sr	6-12	21,2	14,0	28,4	2,77	13,0	17,0
			aRK				
Sr	6	27,6	22,2	35,0	3,62	13,1	22,2
Sr	8	25,2	18,6	36,0	4,00	15,8	19,5
Sr	12	24,9	20,0	38,8	4,27	17,2	20,0
Sr	6-12	25,7	18,6	38,8	4,07	15,9	20,0

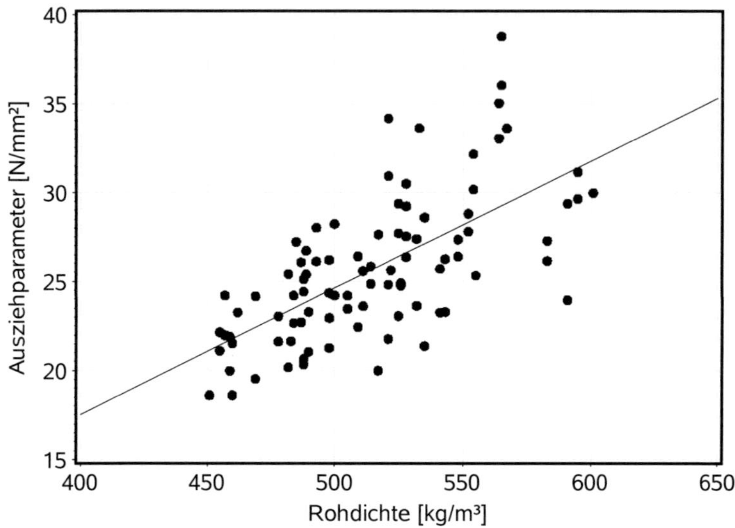

Bild 3-12   Ausziehparameter und Rohdichte

3.2.2.2   Gewindestangen

Tabelle 3-10 enthält die statistischen Kennwerte der Auszieh- und Verbundparameter für die eingeschraubten bzw. eingeklebten Gewindestangen. Ergänzend dazu zeigt Bild 3-13 die Einzelwerte. Sie sind für $\alpha = 0°$ in allen vier Reihen vergleichsweise ähnlich; das dominierende gemeinsame Versagensmuster war das Aufspalten der Versuchskörper (Bild 3-14), das in Abhängigkeit von den wirkenden Haftspannungen die einzelnen Ausziehwiderstände limitierte und weitgehend unabhängig vom Verankerungstyp zu Werten zwischen 10 und 21 N/mm² führte; miteinander vergleichbare Mittelwerte der M-Reihen fallen etwas höher aus als diejenigen der H-Reihen. Wird in baupraktischen Anwendungen ein Aufspalten wirksam verhindert (durch Verstärkungen oder großvolumige Bauteile), ist mit höheren ideellen Haftspannungen zu rechnen.

Tabelle 3-10   Statistik der Auszieh- bzw. Verbundparameter

Reihe	α	$\overline{x}$	Min	Max	s	v
	°	N/mm²	N/mm²	N/mm²	N/mm²	%
			f_{ax}			
H16	0	16,1	14,5	19,8	2,15	13,4
H16	90	24,2	22,9	25,8	1,42	5,84
H20	0	14,0	10,1	18,1	2,88	20,6
H20	90	22,2	21,4	22,8	0,55	2,46
			$\pi \cdot f_k$			
M16	0	17,8	12,1	20,9	3,30	18,6
M16	90	37,6	31,8	41,3	3,54	9,42
M20	0	17,5	14,5	19,4	1,94	11,1
M20	90	32,8	29,1	35,1	2,27	6,90

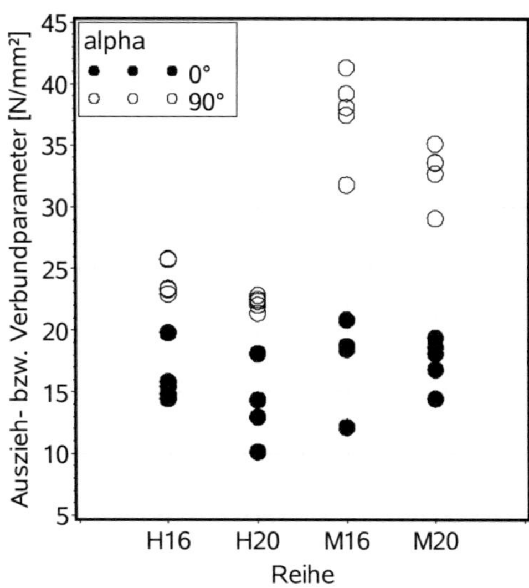

Bild 3-13   Auszieh- und Verbundparameter nach Reihen

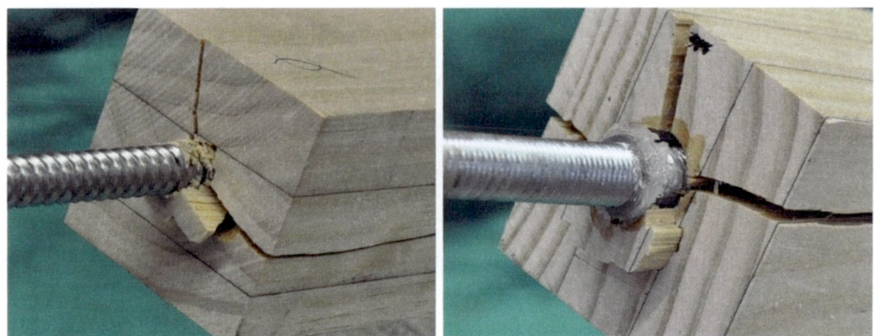

*Bild 3-14   Spaltversagen beim Ausziehen einer Gewindestange mit Holz- (ℓ.)
bzw. metrischem Gewinde (r.)*

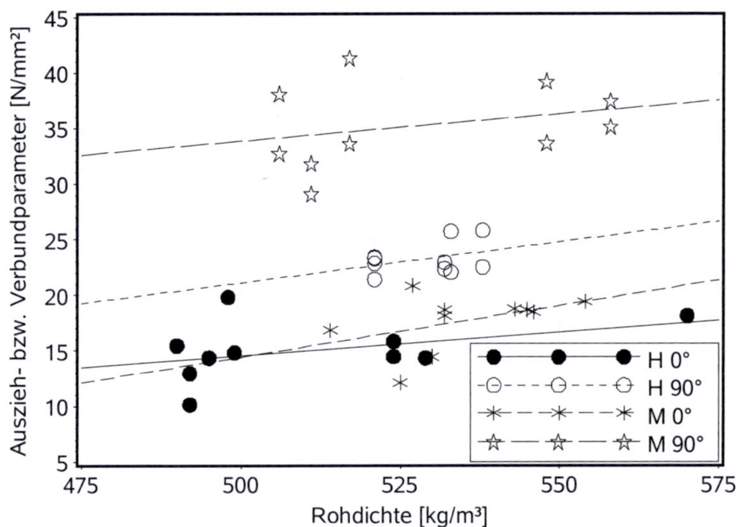

Bild 3-15   Auszieh- bzw. Verbundparameter und Rohdichte

Eindeutiger als bei den Ausziehversuchen mit $\alpha = 0°$ schlagen sich bei denjenigen mit 90° die verankerungstypischen Haftmechanismen in den Werten zahlenmäßig nieder. Die Mittelwerte in den Reihen H16 und H20 sind eine widerspruchsfreie Fortsetzung der Werte in Tabelle 3-9 (27,6 –

25,2 – 24,9 – 24,2 – 22,2). Das Verkleben – im Vergleich mit dem Einschrauben – führt erwartungsgemäß zu höheren Werten; die Verhältnisse 37,6/24,2 bzw. 32,8/22,2 belegen eine Zunahme der Festigkeit von etwa 50 %. Bild 3-15 zeigt die Rohdichteabhängigkeit der Auszieh- bzw. Verbundparameter, wobei die Werte hinsichtlich Verankerung und Belastungsrichtung gruppiert sind. Bei $\alpha = 90°$ werden den Voraussetzungen entsprechend jeweils zwei Festigkeitswerte einem Rohdichtewert zugeordnet. Innerhalb jeder der vier Wertegruppen besteht eine moderate Rohdichteabhängigkeit mit einer ähnlichen, positiven Steigung. Die Holzfeuchte der Prüfkörper lag zwischen 3 und 4 %.

3.2.3 Zug-Scher-Versuche

Tabelle 3-11 enthält die statistischen Kennwerte der Tragfähigkeit. Bild 3-16 verdeutlicht für alle zehn Prüfkörper die vorliegenden Rohdichteverhältnisse in den Mittel- und Seitenhölzern, in der linken Diagrammhälfte für die R1- und in der rechten für die R2-Prüfkörper. Die Holzfeuchte lag zwischen 3 und 5 %. Bild 3-17 zeigt im Teilbild a die Lastverformungskurven für die Reihe R1 und im Teilbild b für die Reihe R2. Die induktive Wegmessung war bis 20 mm Relativverschiebung ausgelegt und reichte bei Reihe R1 für die Aufzeichnung bis zur Höchstlast nicht aus. Die bis zum Versagen aufgezeichnete Last ist daher in Abhängigkeit vom Weg der Prüfmaschine dargestellt. Die einzelnen Kurven geben das Lastverformungsverhalten der Verbindungen qualitativ wieder, weil der Maschinenweg ebenfalls die Nachgiebigkeit der Prüfvorrichtung enthält. In Bild 8-9 ist die Belastung in Abhängigkeit von den vier induktiven Wegmessungen bis zu einer Relativverschiebung von 15 mm dargestellt. Das ermöglicht eine getrennte Analyse der Nachgiebigkeiten in den vier einzelnen Scherflächen der Prüfkörper.

Tabelle 3-11 Statistik der Tragfähigkeit

Reihe	$\bar{x}$	Min	Max	s	v
	kN	kN	kN	kN	%
R1	170	141	192	20,2	11,9
R2	112	94,6	123	12,3	10,9

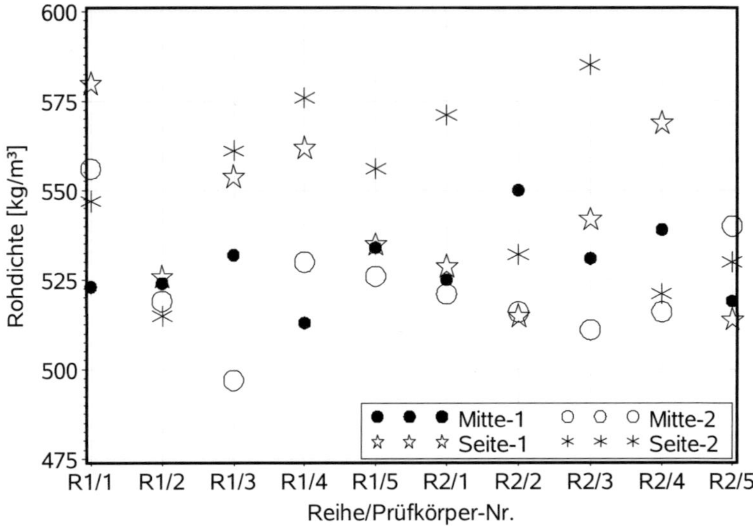

Bild 3-16   Rohdichte in den Mittel- und Seitenhölzern

Die Tragfähigkeiten der R1-Prüfkörper wurden durch Abreißen der Schrauben begrenzt, das nach einer ausgeprägten s-förmigen Biegeverformung folgte. Die Mittel- und Seitenhölzer ließen dabei äußerlich keine Schädigungen erkennen. Bild 8-10 zeigt stellvertretend für alle die Seiten- mit Mittelhölzern verbindenden vier Schrauben die Verformung, die dem Versagensfall mit zwei Fließgelenken entspricht. Bei drei der vier in diesen Fotografien dargestellten Schrauben führte die dem „Seileffekt" folgende Zugbeanspruchung schließlich zum Abreißen. Die Sprünge in den Kurven in Bild 3-17 hängen ursächlich mit dem Abreißen einzelner oder mehrerer Schrauben zusammen. Aus Biegeprüfungen der verwendeten Schrauben ist für einen Biegewinkel von etwa 8° ein Fließmoment von 65 Nm bekannt. Die mittlere Rohdichte des Brettschichtholzes beträgt 540 kg/m³, vgl. Bild 3-16; die damit und anhand von Bild 3-4 a abgeschätzte Lochleibungsfestigkeit beträgt 33 N/mm². Je Scherfuge sind dann rechnerisch 7,2 kN übertragbar, bei 8 Scherfugen knapp 60 kN.

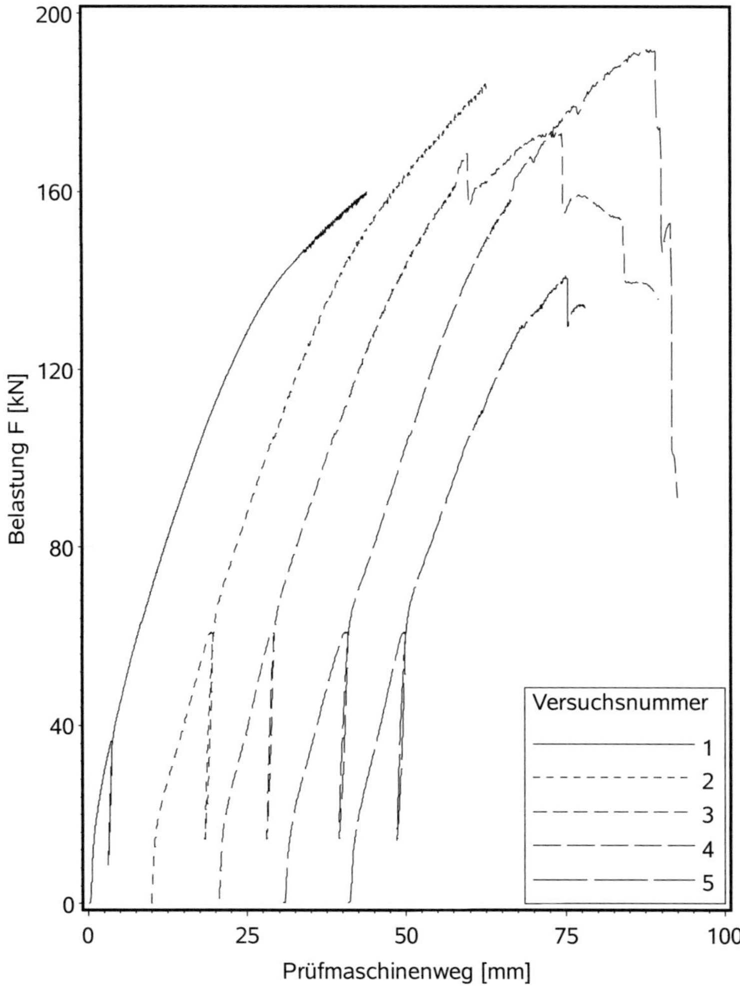

Bild 3-17 a   R1: Last-Verformungs-Kurven

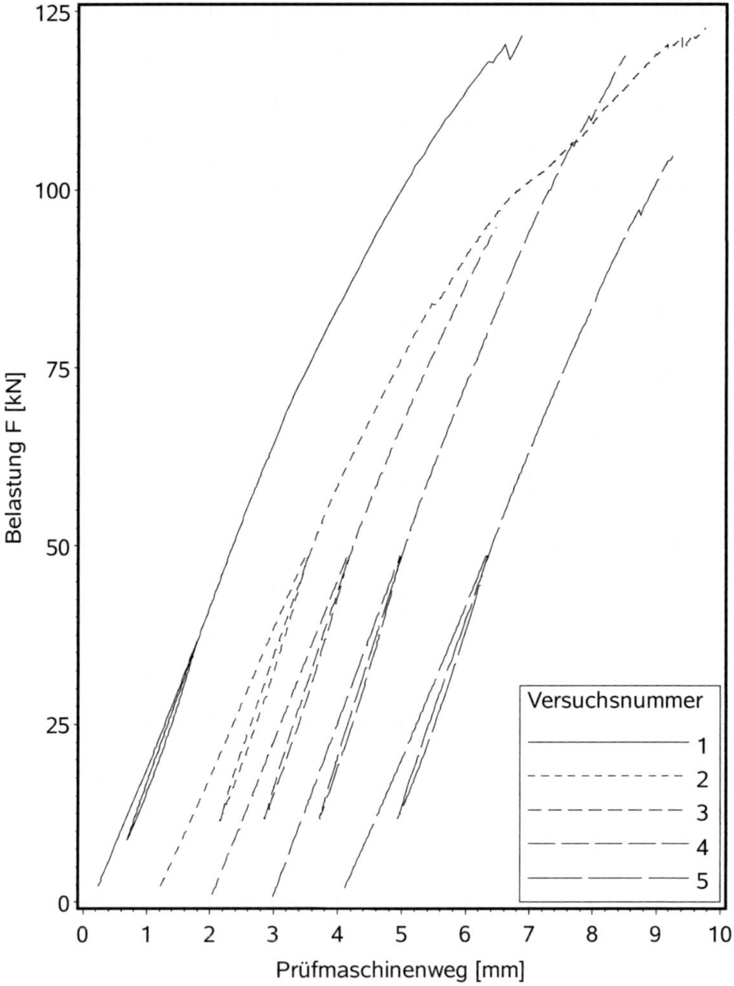

Bild 3-17 b   R2: Last-Verformungskurven

Diese rechnerische Last ist in den R1-Diagrammen (Bild 8-9 a) einer Relativverschiebung von 3 bis 4 mm zugeordnet. Die rechnerische Abschätzung der Tragfähigkeit für einen Schrauben-Biegewinkel von 8° widerspricht folglich nicht den Beobachtungen im Versuch. Bemerkenswert ist die weit über 60 kN hinausgehende Tragfähigkeit von im Mittel 170 kN. Als wesentlich leistungsfähiger werden sich daher auch bei aRK gezielt schräg angeordnete Schrauben erweisen.

Die Tragfähigkeiten der R2-Prüfkörper wurden stets durch ein vollständiges bzw. teilweises Aufspalten der Seitenhölzer limitiert. Bild 8-11 zeigt stellvertretend für alle Prüfkörper das spezifische Versagen von drei Seitenhölzern unterschiedlicher Prüfkörper. Zum Versagen wird weiter festgestellt: 1. Die Relativverschiebungen in den einzelnen vier Scherflächen übersteigen 1,5 mm nicht, s. Bild 8-9 b. 2. Ein lokales Lochleibungsversagen auf den belasteten Seiten der Bohrlochwandungen nahe der Scherfuge war weder bei den Seiten- noch Mittelhölzern erkennbar. 3. Bis zum Erreichen der Tragfähigkeit traten erwartungsgemäß keine plastischen Biegeverformungen in den Stabdübeln auf. Aus dem letzten Punkt folgt, dass die vorhandene Festigkeit der Stabdübel keinen unmittelbaren Einfluss auf die Tragfähigkeit hatte. Die Tragfähigkeit wurde insofern durch Spannungsverhältnisse bestimmt, die mit einer spezifischen elastischen Verformung der Seitenhölzer in Beziehung stehen. Zur modellhaften Abschätzung dieser Spannungsverhältnisse, vgl. [20], werden die Stabdübel als im Seitenholz elastisch gebettete Stäbe betrachtet, deren Biegemomenten-Nulldurchgang in der Scherfuge liegt. Bei einer mittleren Scherkraft von 112/8 = 14 kN betrüge unmittelbar vor dem Spalten die maximale Lochleibungsspannung, an der Scherfuge, etwa 60-62 N/mm². Dieser Berechnung [21] liegt ein Bettungsmodul zwischen 110 und 160 N/mm³ zugrunde (Bild 8-3, 16-mm-Stabdübel). Angesichts der Lochleibungsfestigkeiten für Stabdübel (Tabelle 3-6) ist anzunehmen, dass eine Lochleibungsspannung zwischen 60 und 62 N/mm², viermal je Scherfuge im Abstand von 80 mm örtlich auftretend, das Spalten der Seitenhölzer initiierte. Die in den Zug-Scher-Versuchen ermittelten Tragfähigkeiten sind somit kein Widerspruch zu den in den Einzelversuchen ermittelten Lochleibungsfestigkeiten.

Mit den vorliegenden Verhältnissen sind für einen einzelnen Stabdübel der R2-Prüfkörper theoretisch die Voraussetzungen für eine Berechnung der Tragfähigkeit je Scherfuge für den Versagensfall mit zwei Fließgelenken gegeben. Eine mittlere Lochleibungsfestigkeit von 54 N/mm² (Rohdichte 540 kg/m³, Bild 3-4 a) und eine mittlere Stabdübelfestigkeit von über 510 N/mm² führen zu einer rechnerischen Tragfähigkeit je Scherfuge von mindestens 18,9 kN. Die mittlere Scherkraft von 14 kN beträgt davon rund 75 %. Dieser Anteil entspricht etwa dem Verhältnis von 73 % zwischen den nach DIN 1052 als wirksam anzusetzenden Stabdübeln und den vorhandenen (2,93/4). Für einen S-235-Stabdübel beträgt die rechnerische Tragfähigkeit je Scherfuge mindestens 15,9 kN und davon die mittlere Scherkraft 88 %. Dieser Anteil übersteigt 73 % deutlich. Insofern führt im Vergleich mit S 355 eine Verwendung von S 235 zu einem rechnerischen Tagfähigkeitsunterschied. Dieser ist jedoch mechanisch nicht nachweisbar, weil sich in beiden Fällen der Stabdübel lediglich elastisch verformt. Die Lochleibungsfestigkeit muss im Zusammenhang mit spaltgefährdeten Stabdübel-Verbindungen sehr sorgfältig interpretiert werden. Gründe hierfür sind: Das Spaltverhalten von aRK bzw. ABSH ist noch weitgehend unbekannt. Der Einfluss mehrerer in Faserrichtung hintereinander angeordneter Stabdübel auf die Tragfähigkeit der Verbindung kann nicht ohne weiteres über die wirksame Anzahl abgeschätzt werden. Es wird daher empfohlen, spaltgefährdete Verbindungen grundsätzlich geeignet zu verstärken.

4 Zusammenfassung

Kombinierte visuelle und maschinelle Sortierverfahren sind geeignet, um acetylierte Radiata Kiefer für Brettschichtholz der Festigkeitsklassen GL16, GL19 und GL22 zu sortieren. Eine visuelle Sortierung ist dabei in Anlehnung an DIN 4074-1 und eine maschinelle auf Grundlage der Längsschwingungsmessung oder der Bruttorohdichte durchzuführen. Bei der praktischen Umsetzung der hier konfigurierten Sortierverfahren ist zwingend auf die Verträglichkeit zwischen Ausgangsmaterial und Sortierverfahren zu achten. Acetylierte Radiata Kiefer ist zurzeit in unterschiedlichen Qualitäten verfügbar und nicht jede Qualität kann mit den hier vorgeschlagenen Sortierverfahren behandelt werden.

Eine Erhöhung eines biegebeanspruchten 600 mm hohen BS-Holz-Trägers auf 1200 mm, unter Beibehaltung eines Höhen-Stützweiten-Verhältnisses von 1/18, führt zu einer Abnahme der charakteristischen Biegefestigkeit von 10 %.

Das Acetylieren von Radiata Kiefer bewirkt grundsätzlich eine Zunahme der Lochleibungsfestigkeiten und der Ausziehwiderstände im Vergleich mit unbehandelter Radiata Kiefer. Die Erhöhungsfaktoren sind von der Art des Verbindungsmittels und der Belastungsrichtung abhängig und liegen bei der Lochleibungsfestigkeit zwischen 1,3 und 2,0. Die Ausziehwiderstände von Schrauben erhöhen sich durch das Acetylieren um 20 %.

Bei acetylierter Radiata Kiefer liegen charakteristische Lochleibungsfestigkeiten für Stabdübel in der Größenordnung von 40 und 20 N/mm² für die Belastungsrichtungen parallel bzw. rechtwinklig zur Faser. Der charakteristische Ausziehparameter von selbstbohrenden Schrauben beträgt etwa 20 N/mm². Der Auszieh- und der Verbundparameter von faserparallel eingeschraubten und eingeklebten Gewindestangen liegen zwischen 10 und 20 N/mm². Bei rechtwinkliger Anordnung liegen der Ausziehparameter zwischen 20 und 25 N/mm² und der Verbundparameter zwischen 30 und 40 N/mm².

In der Arbeit werden Festigkeitsmodelle für die Lochleibungsfestigkeit stiftförmiger Verbindungsmittel und den Ausziehparameter selbstbohrender Schrauben dargestellt. Diese Modelle erlauben eine wirklichkeits-nahe Abschätzung der charakteristischen Werte unter Berücksichtigung des Rohdichte- und Durchmessereinflusses.

Bei den an acetylierter Radiata Kiefer durchgeführten Versuchen wurde ein durchweg sprödes Bruchverhalten festgestellt. Als gesichert gilt, dass die deutlich herabgesetzte Holzfeuchte, hinsichtlich des hygroskopisch gebundenen Wassers, dafür hauptverantwortlich ist. Ob auch Prozesse beim Acetylieren des hier untersuchten Materials, die auf Polymerebene ablaufen, zu einer Versprödung beigetragen haben, kann nicht beantwortet werden. Es wird daher empfohlen, spaltgefährdete Verbindungen geeignet zu verstärken.

Offene Fragen bzw. nicht in der Forschungsarbeit behandelte Bereiche betreffen die Schub-, Querzug- und Querdruckfestigkeit, den Einfluss des Kriechens auf Langzeitverformungen, den Korrosionsschutz von Verbindungsmitteln und den Brandschutz von BS-Holz-Bauteilen aus acetylierter Radiata Kiefer.

5   Literatur

[1]   Clément L, Rivière C (1923) Die Zellulose. Verlag von Julius Springer, Berlin

[2]   Stamm AJ, Tarkow H (1947) Dimensional Stabilization of Wood. Journal of Physical and Colloid Chemistry 51: 493-505

[3]   Goldstein IS, Jeroski EB, Lund AE, Nielson JF, Weaver JW (1961) Acetylation of Wood in Lumber Thickness. Forest Products Journal 11: 363-370

[4]   Alexander J (2007) Accoya^{TM} – An Opportunity for Improving Perceptions of Timber Joinery. In: Proceedings of the 3rd European Conference on Wood Modification, Cardiff, UK

[5]   Blaß HJ, Denzler JK, Frese M, Glos P, Linsenmann P (2005) Biegefestigkeit von Brettschichtholz aus Buche. Bd. 1, Karlsruher Berichte zum Ingenieurholzbau, Universitätsverlag Karlsruhe, Karlsruhe

[6]   Frese M (2006) Die Biegefestigkeit von Brettschichtholz aus Buche – Experimentelle und numerische Untersuchungen zum Laminierungseffekt. Bd. 5, Karlsruher Berichte zum Ingenieurholzbau, Universitätsverlag Karlsruhe, Karlsruhe

[7]   Blaß HJ, Frese M (2006) Biegefestigkeit von Brettschichtholz-Hybridträgern mit Randlamellen aus Buchenholz und Kernlamellen aus Nadelholz. Bd. 6, Karlsruher Berichte zum Ingenieurholzbau, Universitätsverlag Karlsruhe, Karlsruhe

[8]   Blaß HJ, Frese M, Glos P, Denzler JK, Linsenmann P, Ranta-Maunus A (2008) Zuverlässigkeit von Fichten-Brettschichtholz mit modifiziertem Aufbau. Bd. 11, Karlsruher Berichte zum Ingenieurholzbau, Universitätsverlag Karlsruhe, Karlsruhe

[9]   Accsys Technologies: Accoya$^{®}$ Radiata Pine Lumber Grading Specifications, 8.2. http://www.accoya.com/wp-content/uploads/2012/09/LG_EU_metric.pdf (25. Februar 2013)

[10]   Fellmoser P, Blaß HJ (2008) Prüfbericht 086103. Versuchsanstalt für Stahl- Holz und Steine, Abt. Ingenieurholzbau und Baukonstruktionen, Universität Karlsruhe (TH), unveröffentlicht

[11]   Militz H (1991) Die Verbesserung des Schwind- und Quellverhaltens und der Dauerhaftigkeit von Holz mittels Behandlung mit unkatalysiertem Essigsäureanhydrid. Holz als Roh- und Werkstoff 49: 147-152

[12]   Larsson P, Simonson R (1994) A study of strength, hardness and deformation of acetylated Scandinavian softwoods. Holz als Roh- und Werkstoff 52: 83-86

[13]   Epmeier H, Kliger R (2005) Experimental study of material properties of modified Scots pine. Holz als Roh- und Werkstoff 63: 430-436

[14]   Dreher WA, Goldstein IS, Cramer GR (1964) Mechanical Properties of Acetylated Wood. Forest Products Journal 14: 66-68

[15]   Jorissen A, Bongers F, Kattenbroek B, Homan W (2005) The influence of acetylation of Radiata pine in structural sizes on its strength properties. In: Proceedings of the 2nd European Conference on Wood Modification, Göttingen, Deutschland

[16]   Bongers F, Alexander J, Jorissen A, Blaß HJ, Hill C (2010) Acetylated Wood in Structural Applications. In: Proceedings of the 5th European Conference on Wood Modification, Riga, Latvia

[17]   Görlacher R (1990) Klassifizierung von Brettschichtholzlamellen durch Messung von Longitudinalschwingungen. Universität Karlsruhe (TH). Dissertation

[18]   Colling F (1990) Tragfähigkeit von Biegeträgern aus Brettschichtholz in Abhängigkeit von den festigkeitsrelevanten Einflussgrößen. Universität Karlsruhe (TH). Dissertation

[19]   Frese M, Fellmoser P, Blaß HJ (2010) Modelle für die Berechnung der Ausziehtragfähigkeit von selbstbohrenden Holzschrauben. European Journal of Wood and Wood Products 68: 373-384

[20]   Teichmann A, Borkmann K (1931) Versuche mit langen Bolzen in Holzbauteilen. 232. Bericht der Deutschen Versuchsanstalt für Luftfahrt, DVL-Jahrbuch 1931: 221-229

[21]   Wölfer KH (1971) Elastisch gebettete Balken. Bauverlag GmbH Wiesbaden und Berlin

[22]   DIN EN 408:2012-10 Holzbauwerke – Bauholz für tragende Zwecke und Brettschichtholz – Bestimmung einiger physikalischer und mechanischer Eigenschaften

[23]   DIN 4074-1:2012-06 Sortierung von Holz nach der Tragfähigkeit – Teil 1: Nadelschnittholz

[24]   DIN 7998:1975-02 Gewinde und Schraubenenden für Holzschrauben

[25]   DIN EN 383:2007-03 Holzbauwerke – Prüfverfahren – Bestimmung der Lochleibungsfestigkeit und Bettungswerte für stiftförmige Verbindungsmittel

[26]   EN 1382:1999 Holzbauwerke – Prüfverfahren – Ausziehtragfähigkeit von Holzverbindungsmitteln

[27]   EN 26891:1991 Holzbauwerke – Verbindungen mit mechanischen Verbindungsmitteln – Allgemeine Grundsätze für die Ermittlung der Tragfähigkeit und des Verformungsverhaltens

[28]   DIN 1052:2008-12 Entwurf, Berechnung und Bemessung von Holzbauwerken – Allgemeine Bemessungsregeln und Bemessungsregeln für den Hochbau

6   Bezeichnungen

Berichtsspezifische Abkürzungen

A	Stichprobe für Zugversuche an 150-mm-Brettabschnitten
A1, A2	Anwendungssortierungen, definiert in [9]
ABSH	Accoya-BS-Holz
B	Stichprobe für Druck- und Zugversuche an 150-mm-Brettabschnitten und 150-mm-Keilzinkenverbindungen
C, D, E	spezifische Sortierung für die Zugzone/den Kernbereich/die Druckzone von Versuchsträgern
E1, E2	BS-Holz-Versuchsträger
H16, H20	Prüfkörper mit eingedrehten Gewindestangen
M16, M20	Prüfkörper mit eingeklebten Gewindestangen
NS	Neuseeland
R1, R2	Zug-Scher-Prüfkörper
S1 - S7	simulierte BS-Holz-Träger
VG	Vertrauensgrenzen
aRK	acetylierte Radiata Kiefer
iW	induktive Wegmessung
uRK	unbehandelte Radiata Kiefer

Formelzeichen und Sonstige

0	astfrei
1	astbehaftet
$1/B$	Exponent zur Berechnung des k_h-Faktors
DAB	Ästigkeit A für die Astansammlung nach DIN 4074-1
DEB	Ästigkeit A für den Einzelast nach DIN 4074-1

E	Elastizitätsmodul
EA	Dehnsteifigkeit
E_{dyn}	Elastizitätsmodul bei dynamischer Beanspruchung in Längsrichtung eines Brettes
F	Kraft
K_i	Verhältniswerte zwischen Astgrößen, i = 1, ..,12
N	Anzahl, Normalverteilung
R	Ausziehwiderstand
alpha	1. Formparameter der Betaverteilung
b	Trägerbreite
beta	2. Formparameter der Betaverteilung
d	Nenndurchmesser von stiftförmigen Verbindungsmitteln
e	zufällige Fehler in einer Regressionsgleichung (Residuum)
f	Festigkeit
h	Trägerhöhe
k_h	Faktor zur Berücksichtigung des Einflusses der Trägerhöhe auf die Biegefestigkeit
ℓ	Träger-, Brett-, Schraubenlänge
ℓ_{ad}	Einklebelänge
ℓ_{ef}	Einschraubtiefe
r^2	Bestimmtheitsmaß
s	Standardabweichung (Std Deviation)
scale	Spanne der Betaverteilung
threshold	untere Grenze der Betaverteilung
u	Holzfeuchte

v	Variationskoeffizient (Coefficient of Variation)
$\overline{x}$	arithmetisches Mittel (Mean)
$\tilde{x}_\alpha$	empirisches α-Quantil ($\tilde{x}_{0,05} \stackrel{\wedge}{=}$ 5th Percentile)
α	Winkel zwischen Belastungs- und Faserrichtung, Signifikanzniveau
α_j	Umrechnungsfaktor für Keilzinkenfestigkeiten
ρ	Rohdichte
ρ_{brutto}	Bruttorohdichte, ermittelt aus Masse und Abmessungen eines Brettes oder Prüfkörpers

Mehrfach verwendete Indizes

0	darrtrocken
B/Br.	Brett
Max	größter Wert (Maximum)
Min	kleinster Wert (Minimum)
P	Erwartungswert
R	Residuum
ac	acetylierte Radiata Kiefer
ax	in Achsrichtung
c	Druckbeanspruchung
h	Lochleibungsbeanspruchung
j	Keilzinkenverbindung
k	Verklebung
m	Biegebeanspruchung
t	Zugbeanspruchung
ub	unbehandelte Radiata Kiefer

7 Anlagen zum Kapitel 2

Bild 7-1   Radiata-Kiefer-Plantage auf der Südinsel Neuseelands (o.), in Neuseeland praktizierte Wertastung (u. ℓ.) und Holzernte (u. r.)

Bild 7-2   ARK (*l. o.*), Herstellung der ABSH-Träger beim Projektpartner: Lamellen aus aRK unmittelbar nach dem Keilzinken (*r. o.*) und Verpressen der Lamellen zu BS-Holz (*u.*)

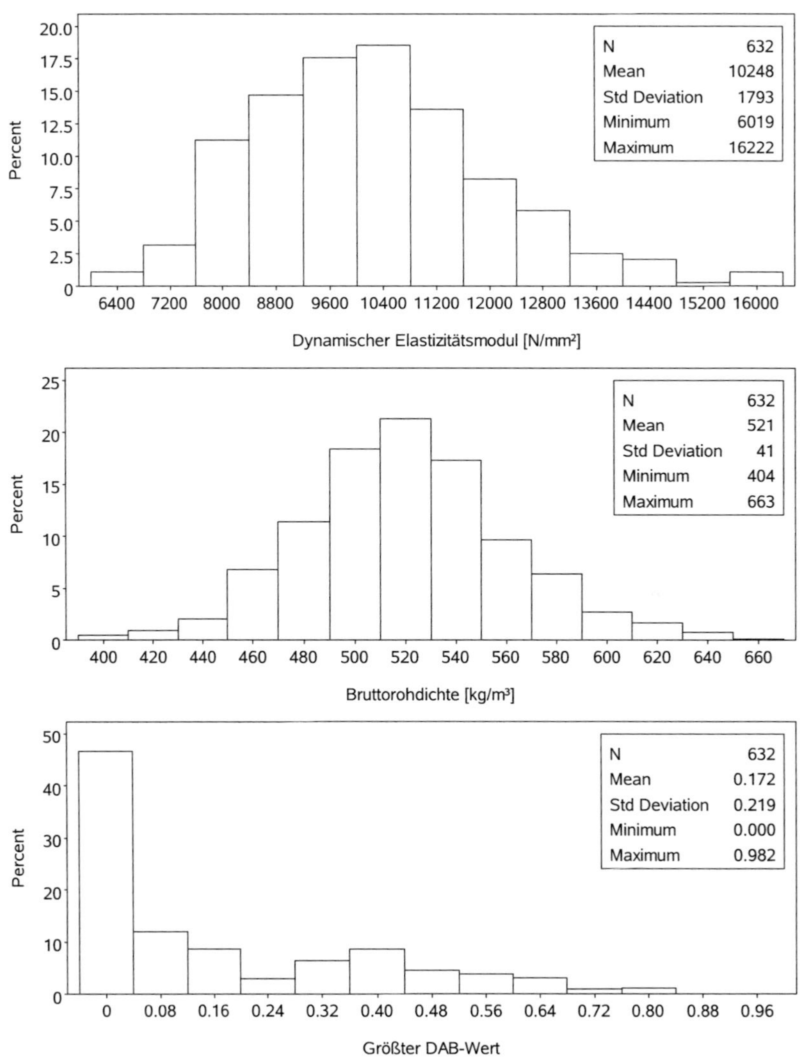

Bild 7-3   *Ausgangsmaterial: Elastizitätsmodul (o.), Rohdichte (Mitte) und Ästigkeit (u.)*

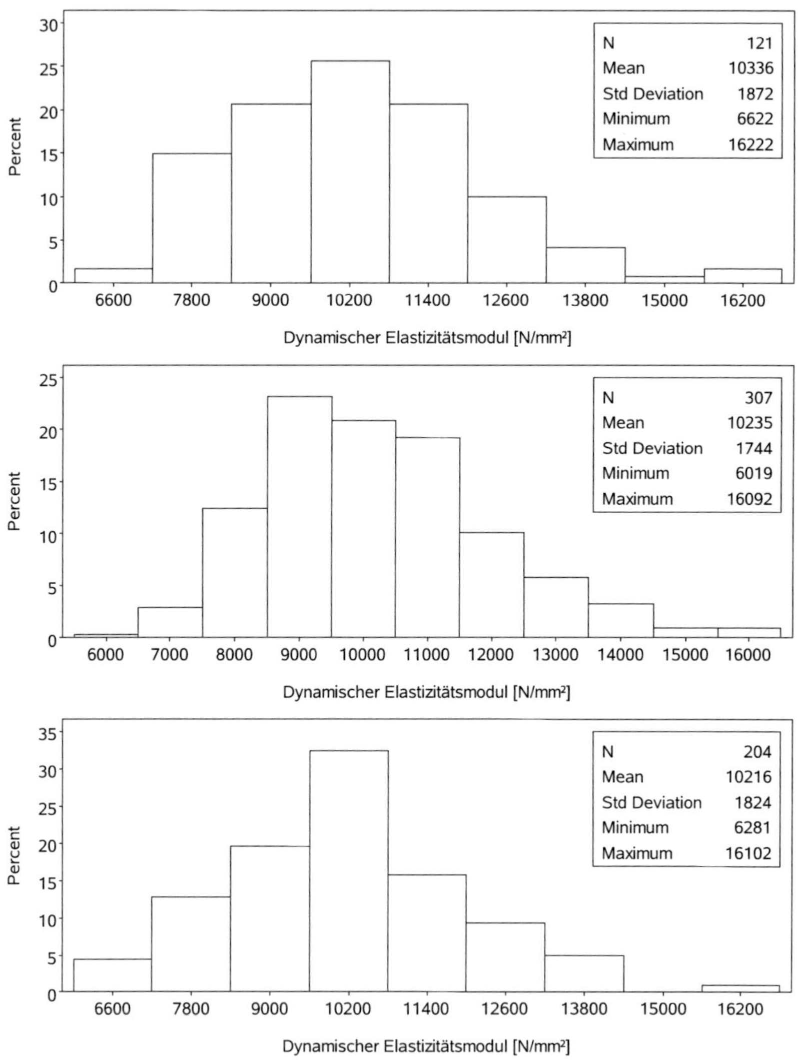

Bild 7-4   *Elastizitätsmodul: Anwendungssortierung A1, NS (o.), Anwendungssortierung A2, NS (Mitte) und chilenisches Material (u.)*

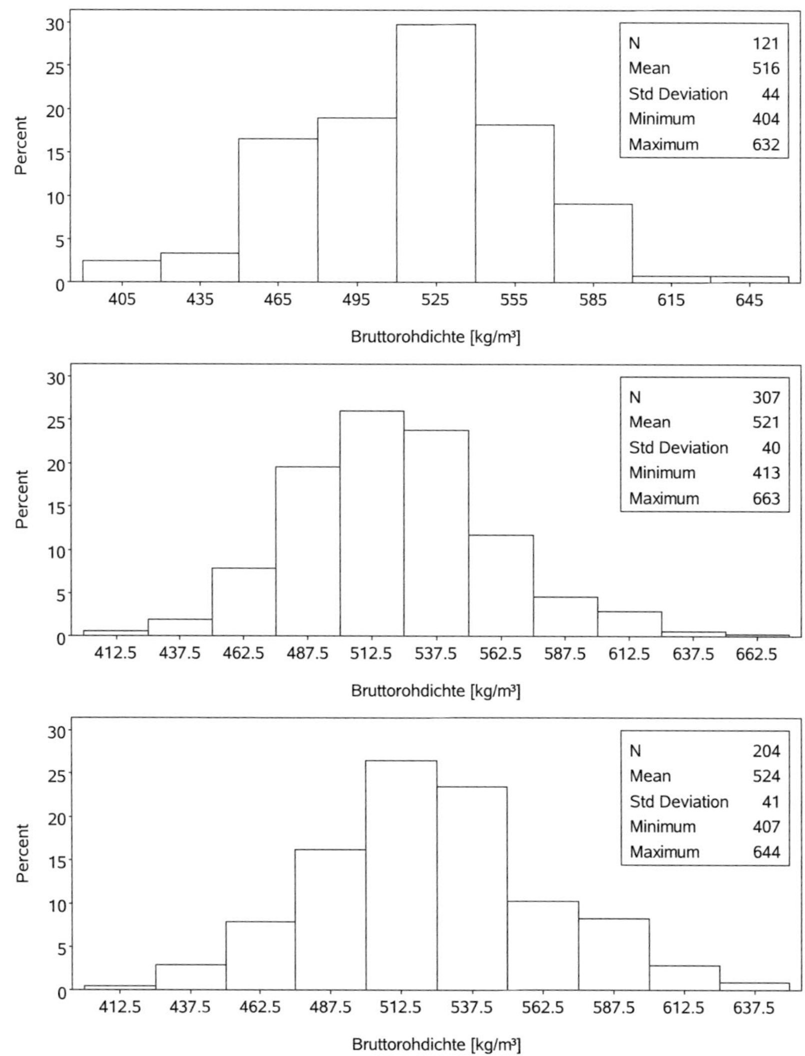

Bild 7-5   *Rohdichte: Anwendungssortierung A1, NS (o.), Anwendungs-*
                  sortierung A2, NS (Mitte) und chilenisches Material (u.)

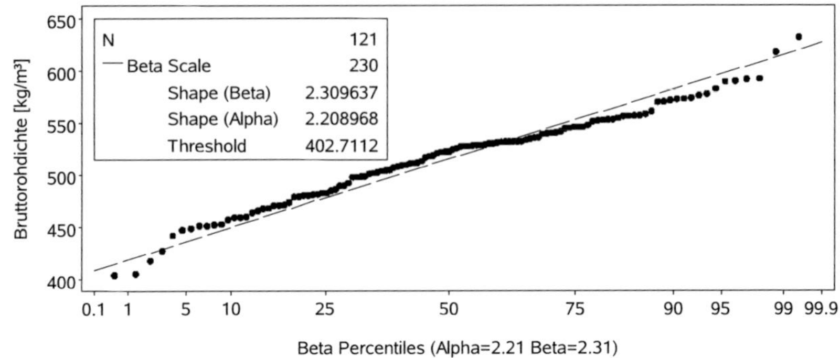

Bild 7-6   *Anwendungssortierung A1: Betaverteilung der Bruttorohdichte*

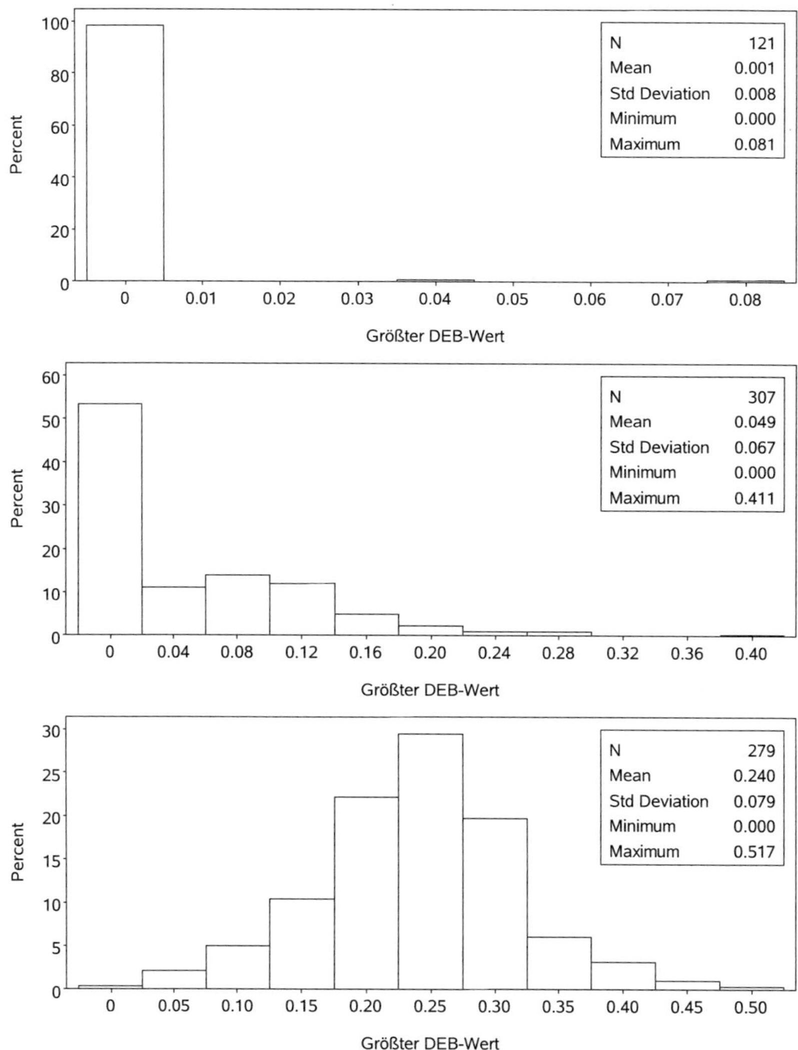

Bild 7-7   *Einzelast (DIN 4074-1): Anwendungssortierung A1, NS (o.), Anwendungssortierung A2, NS (Mitte) und chilenisches Material (u.)*

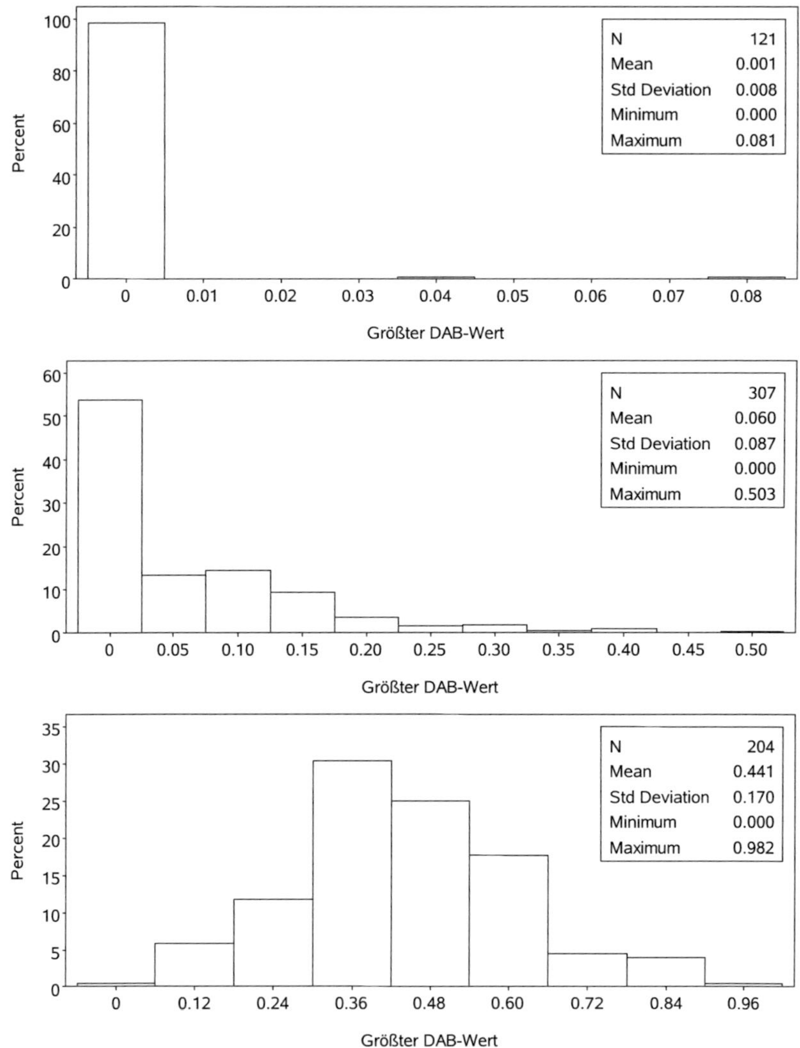

Bild 7-8   *Astansammlung (DIN 4074-1): Anwendungssortierung A1, NS (o.),
Anwendungssortierung A2, NS (Mitte) u. chilenisches Material (u.)*

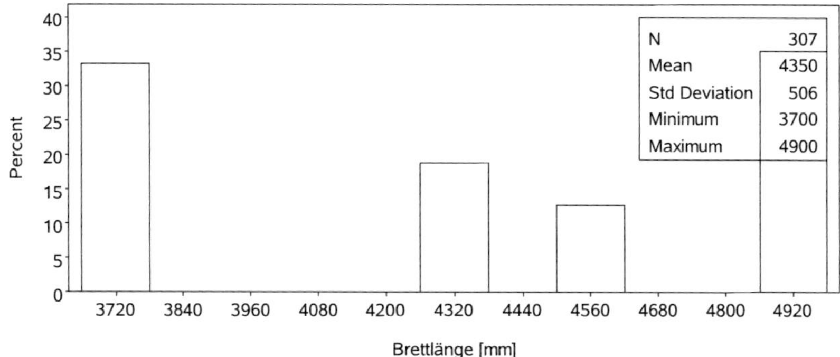

Bild 7-9   Länge: Anwendungssortierung A2, NS

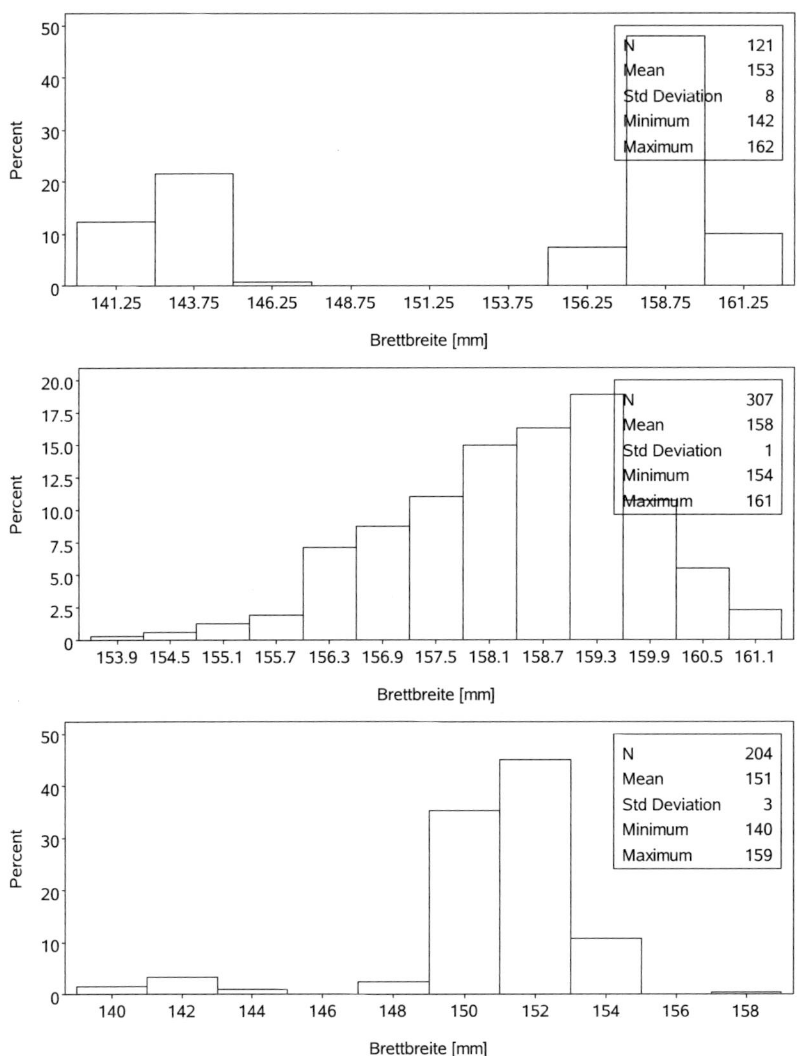

Bild 7-10   *Breite: Anwendungssortierung A1, NS (o.), Anwendungssortierung A2, NS (Mitte) und chilenisches Material (u.)*

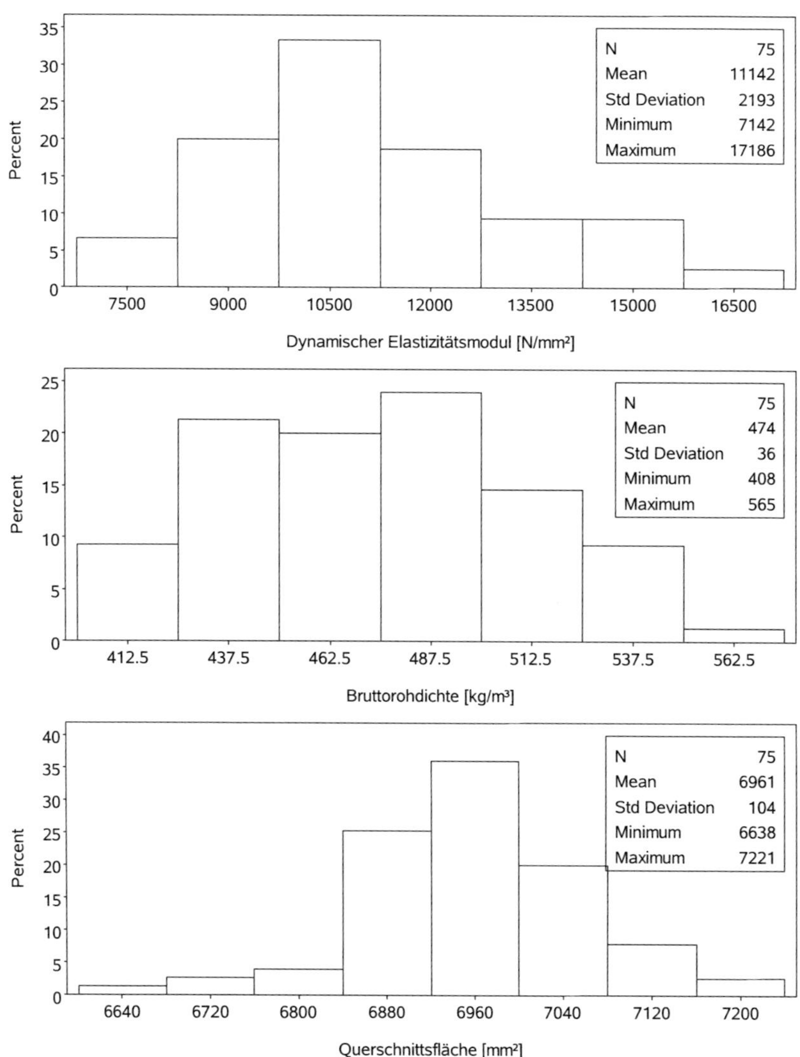

Bild 7-11   *Unbehandelte Bretthälften des Vergleichsmaterials: Elastizitäts-modul (o.), Rohdichte (Mitte) und Querschnittsfläche (u.)*

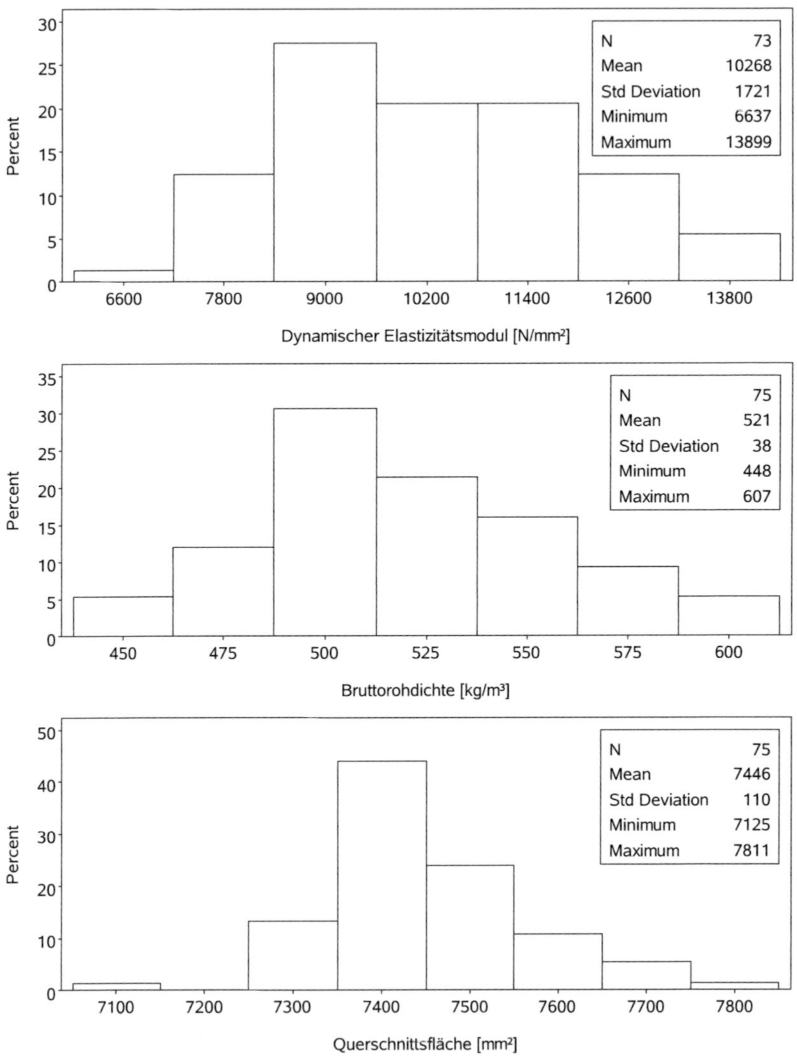

Bild 7-11   *(Forts.) Acetylierte Bretthälften des Vergleichsmaterials: Elastizitätsmodul, N = 73 < 75, weil bei zwei Brettern keine zuverlässigen
Frequenzen messbar waren (o.), Rohdichte (Mitte) und Querschnittsfläche (u.)*

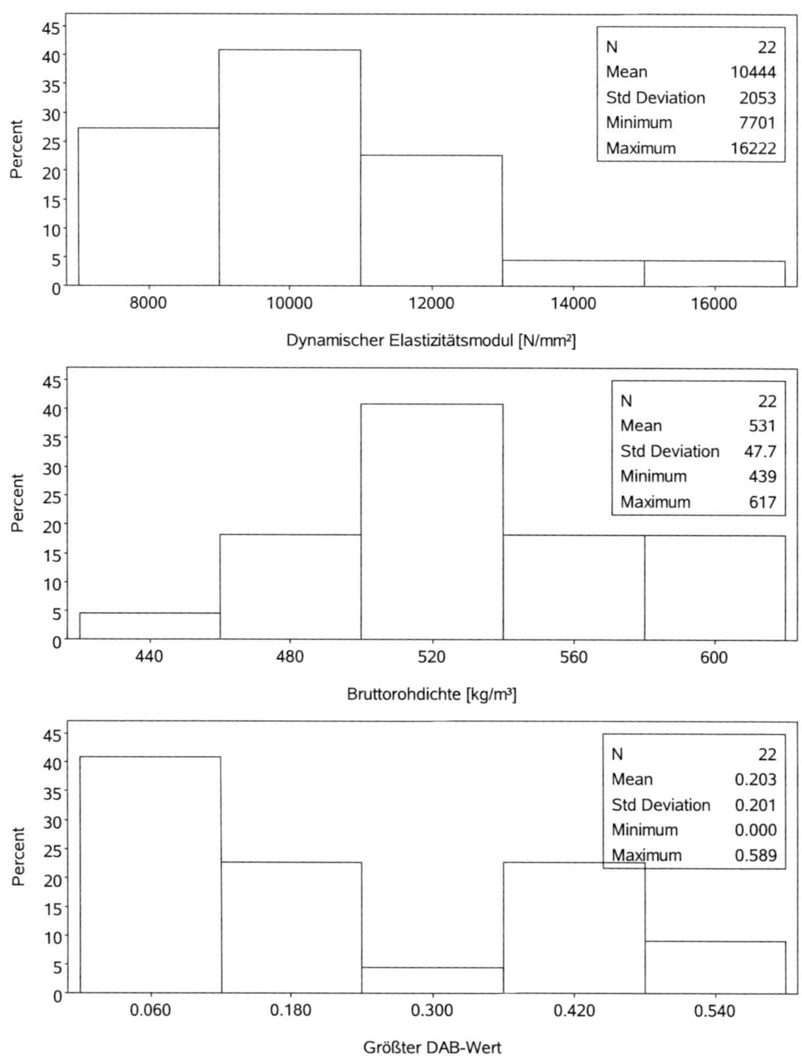

Bild 7-12   Stichprobe A: Elastizitätsmodul (o.), Rohdichte (Mitte) und Ästigkeit (u.)

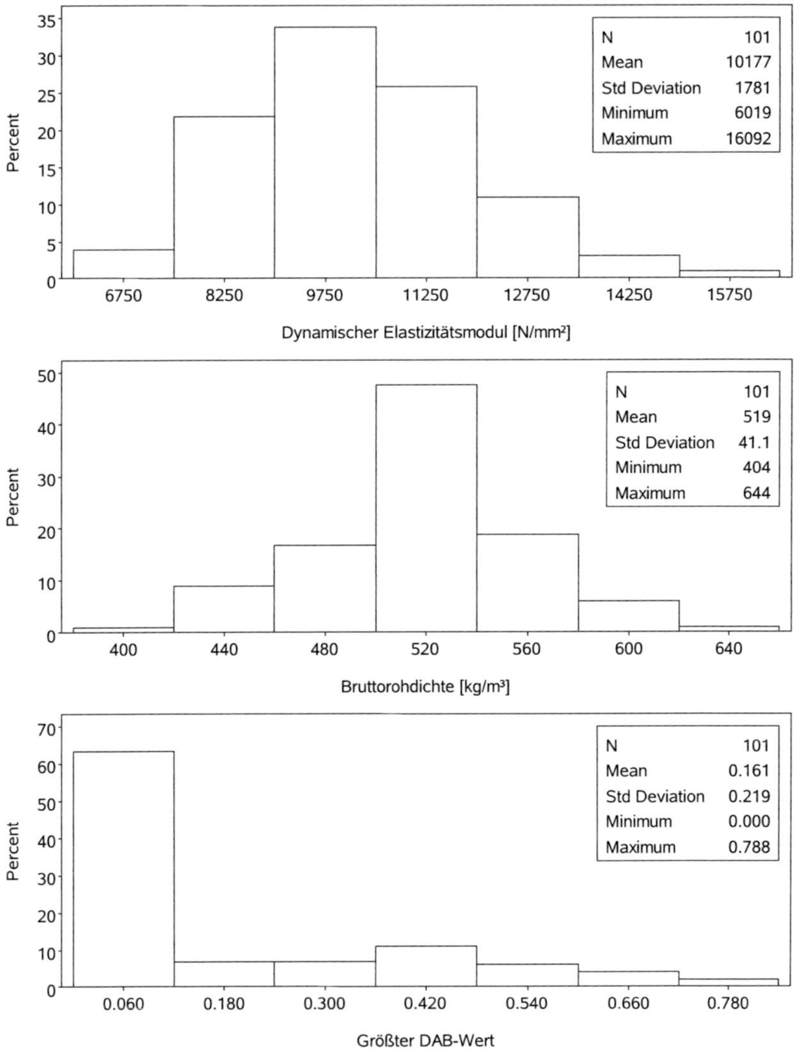

Bild 7-13   Stichprobe B: Elastizitätsmodul (o.), Rohdichte (Mitte) und Ästigkeit (u.)

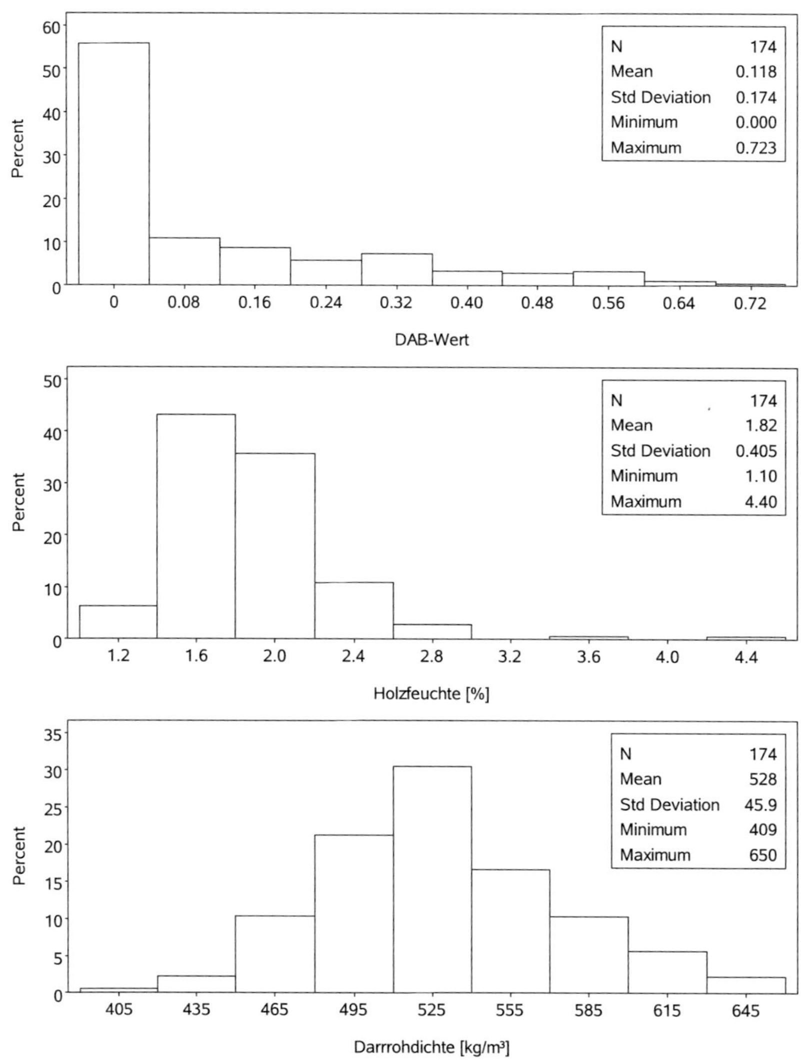

Bild 7-14 a   In Zugversuchen geprüfte 150-mm-Brettabschnitte: Ästigkeit (o.), Holzfeuchte (Mitte) und Rohdichte (u.)

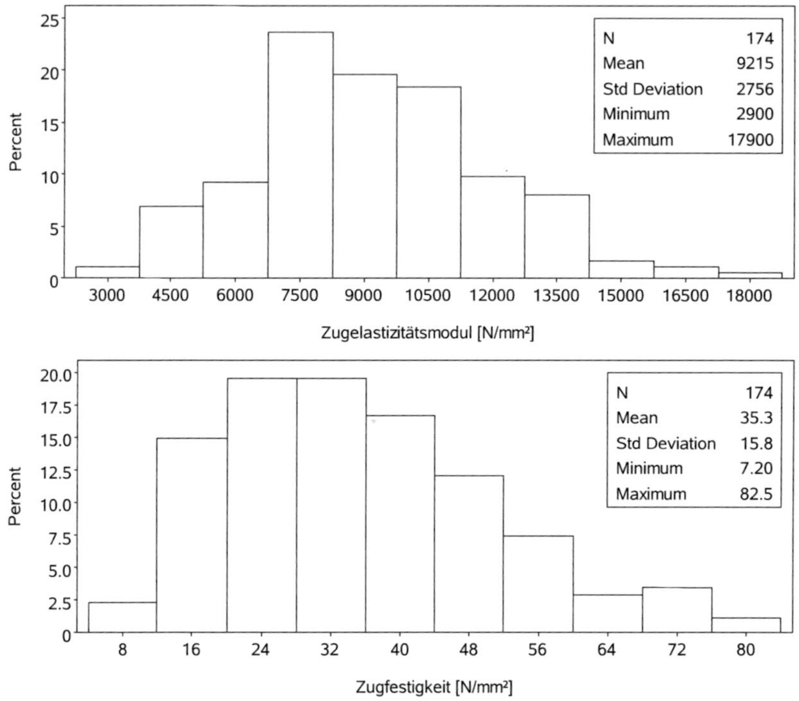

Bild 7-14 b   In Zugversuchen geprüfte 150-mm-Brettabschnitte: Elastizitäts-modul (o.) und Festigkeit (u.)

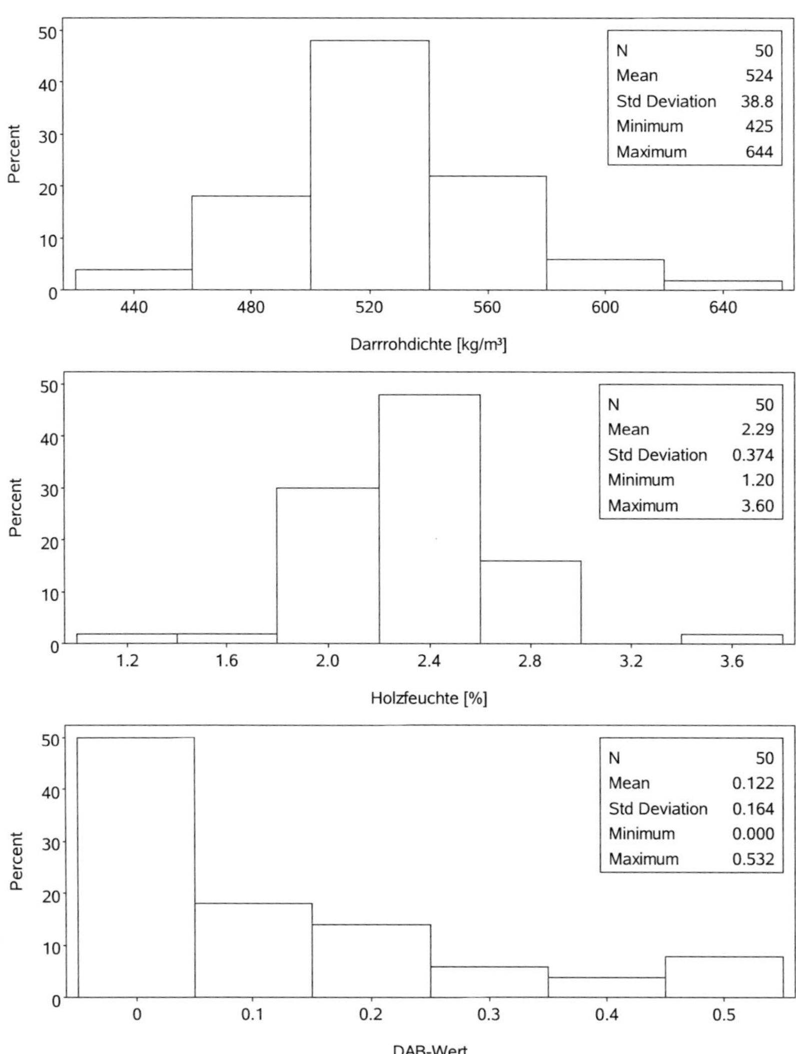

Bild 7-14 c   In Druckversuchen geprüfte 150-mm-Brettabschnitte: Rohdichte (o.), Holzfeuchte (Mitte) und Ästigkeit (u.)

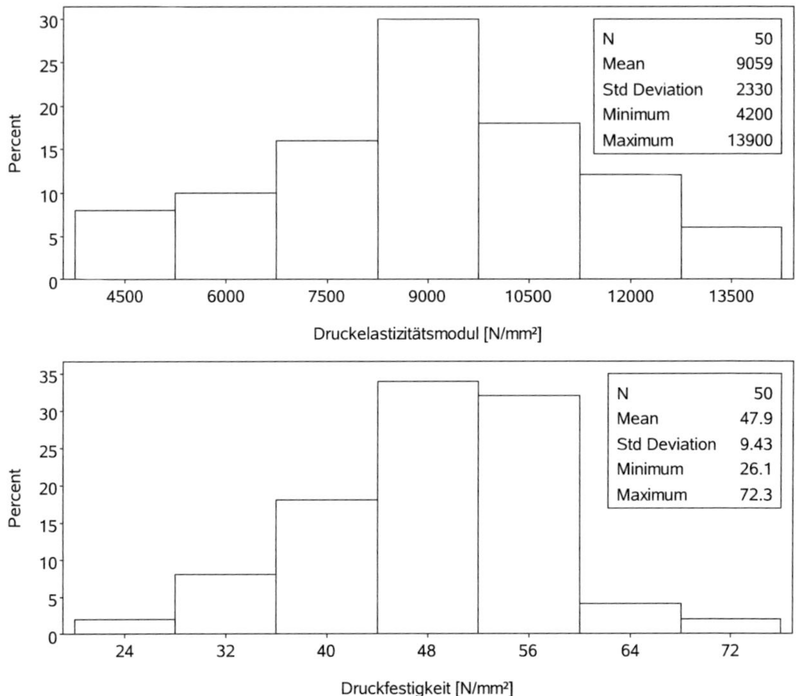

Bild 7-14 d   *In Druckversuchen geprüfte 150-mm-Brettabschnitte: Elastizitäts-*
modul (o.) und Festigkeit (u.)

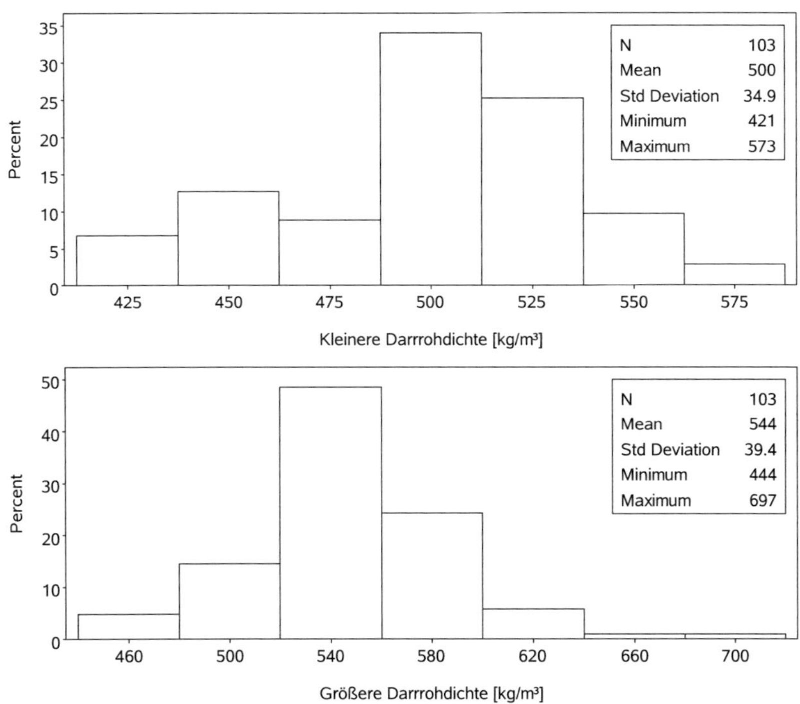

Bild 7-14 e   *In Zugversuchen geprüfte 150-mm-Keilzinkenverbindungen: kleinere (o.) und größere Rohdichte (u.) der keilgezinkten Brettenden*

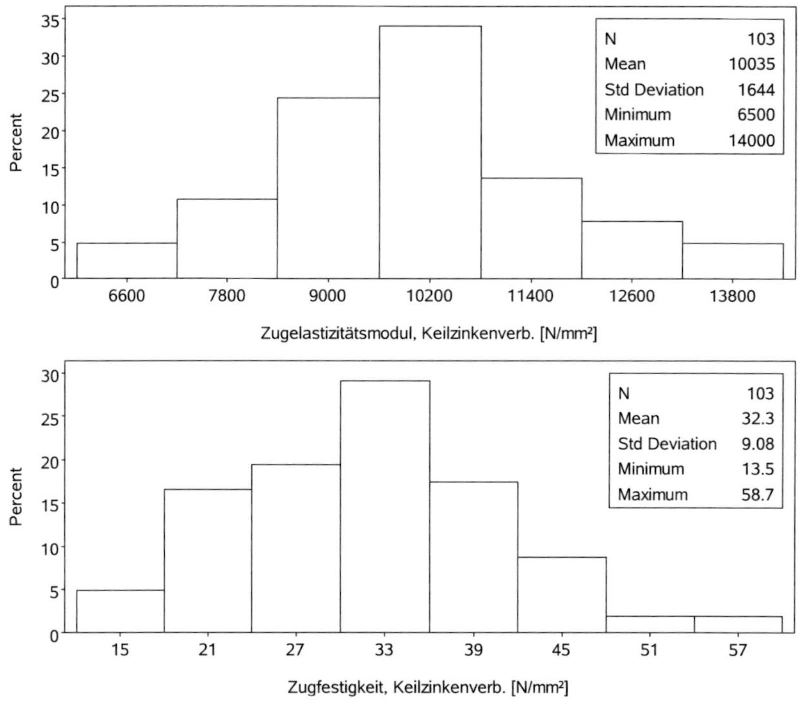

Bild 7-14 f   In Zugversuchen geprüfte 150-mm-Keilzinkenverbindungen: Elastizitätsmodul (o.) und Festigkeit (u.)

Bild 7-15   *Zugversuche an 150-mm-Brettabschnitten: typische Bruchbilder astbehafteter Abschnitte*

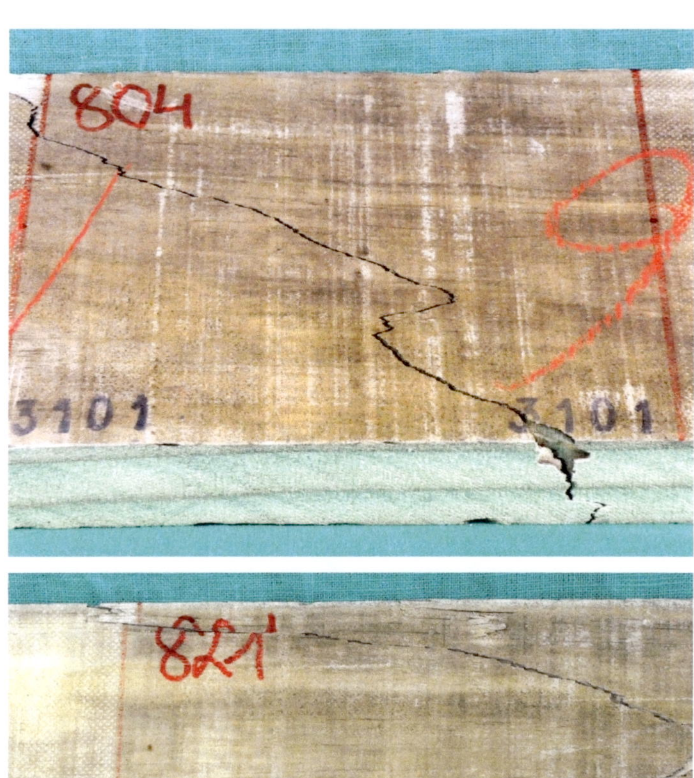

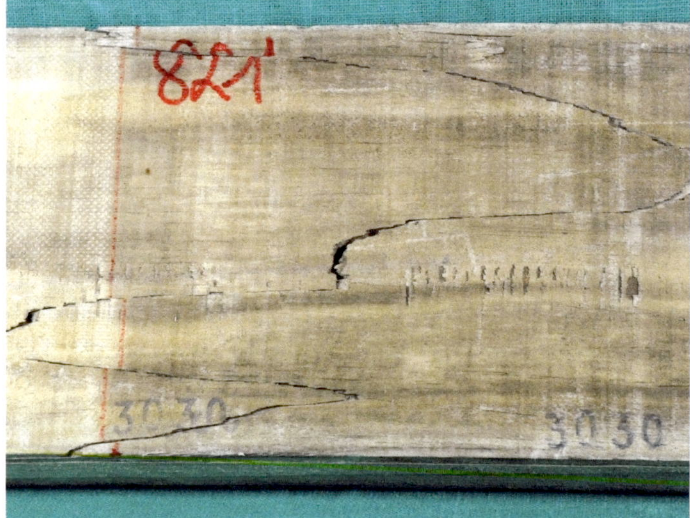

Bild 7-15   *(Forts.) Zugversuche an 150-mm-Brettabschnitten: typische Bruchbilder astfreier Abschnitte*

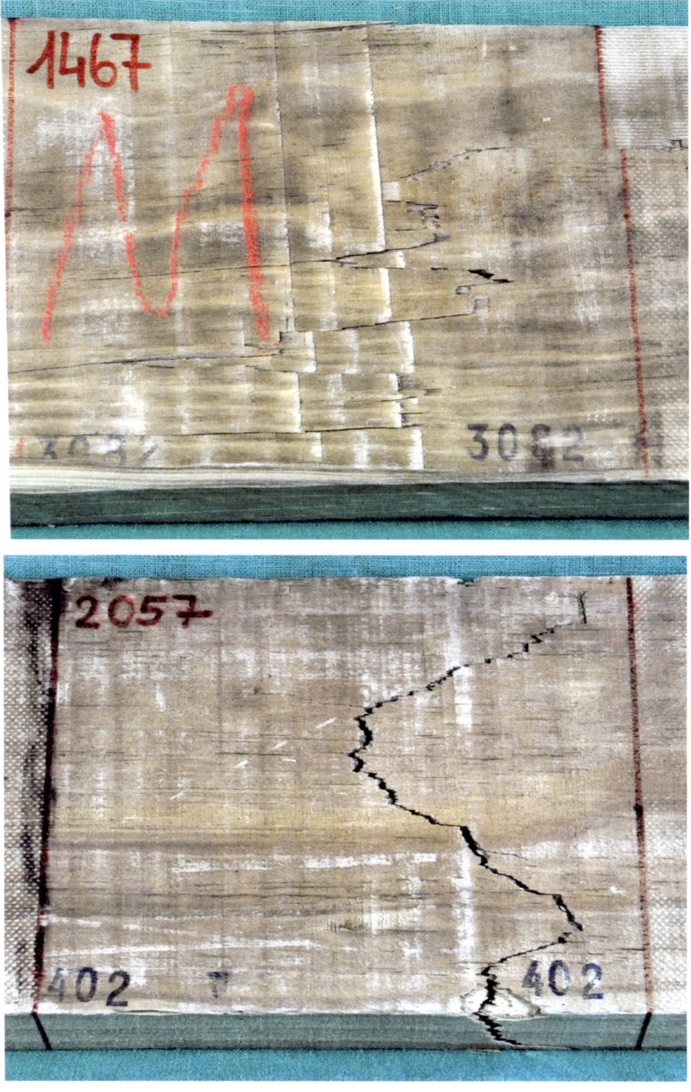

Bild 7-15   (Forts.) Zugversuche an 150-mm-Brettabschnitten: typische Bruchbilder astfreier Abschnitte

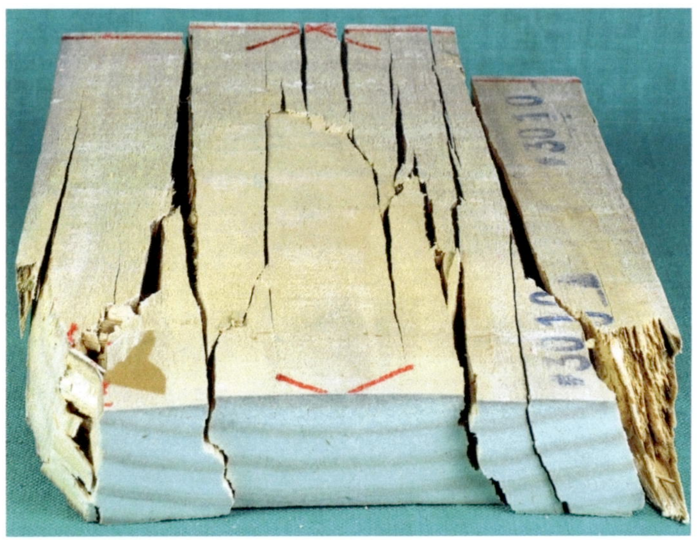

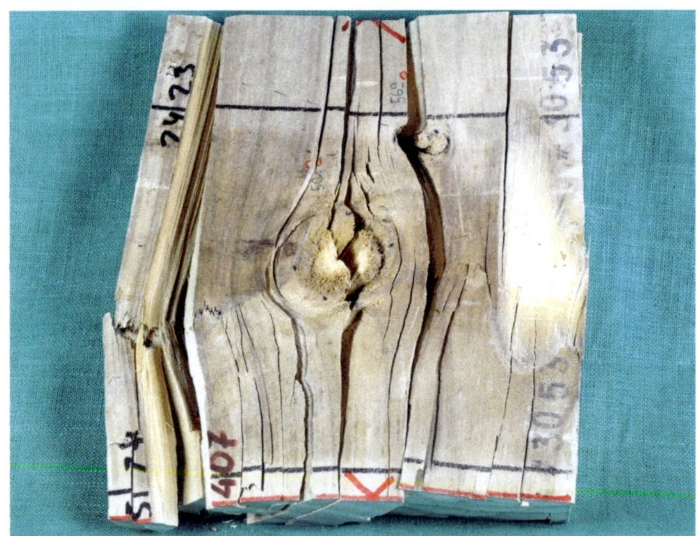

Bild 7-15   (Forts.) Druckversuche an 150-mm-Brettabschnitten: typisches Bruchbild eines astfreien (o.) und astbehafteten Abschnitts (u.)

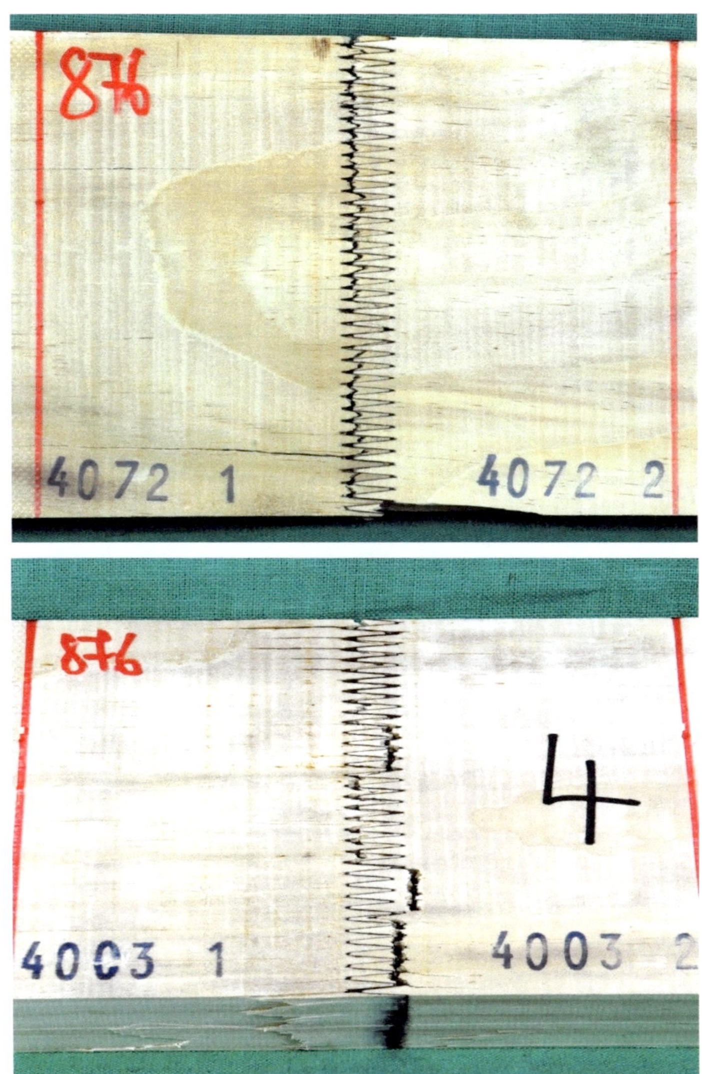

Bild 7-15   *(Forts.) Zugversuche an 150-mm-Abschnitten mit Keilzinken: typische Bruchbilder*

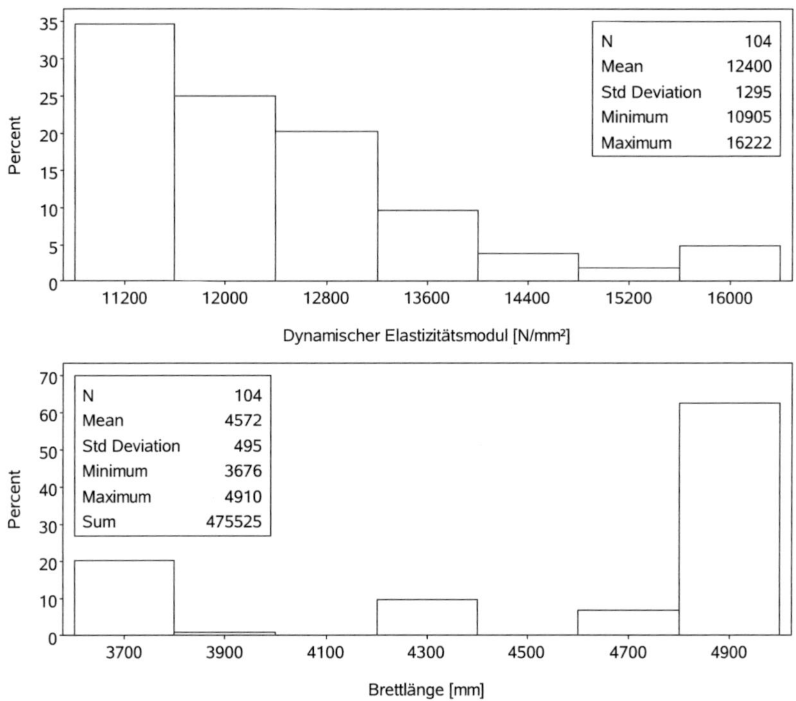

Bild 7-16   *Sortierung C: Elastizitätsmodul (o.) und Länge (u.); die Bretter der Sortierung C stammten zu fast 100 % aus Neuseeland*

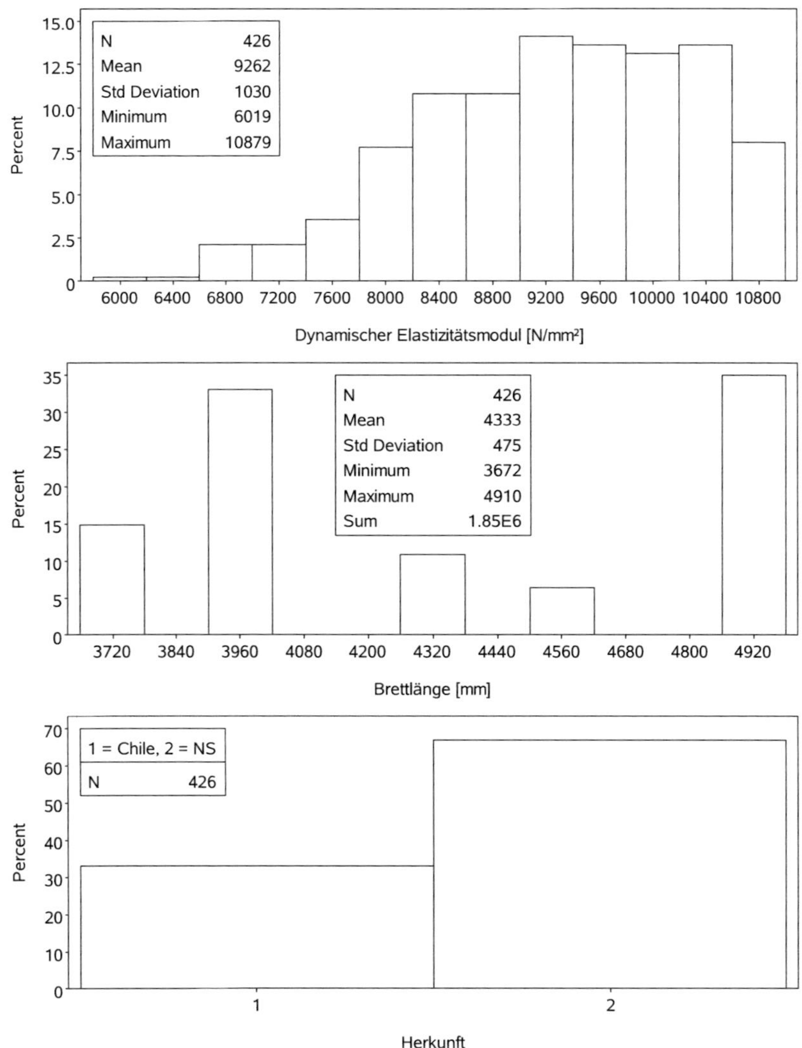

Bild 7-16   (Forts.) Sortierung D: Elastizitätsmodul (o.), Länge (Mitte) und Herkunft (u.)

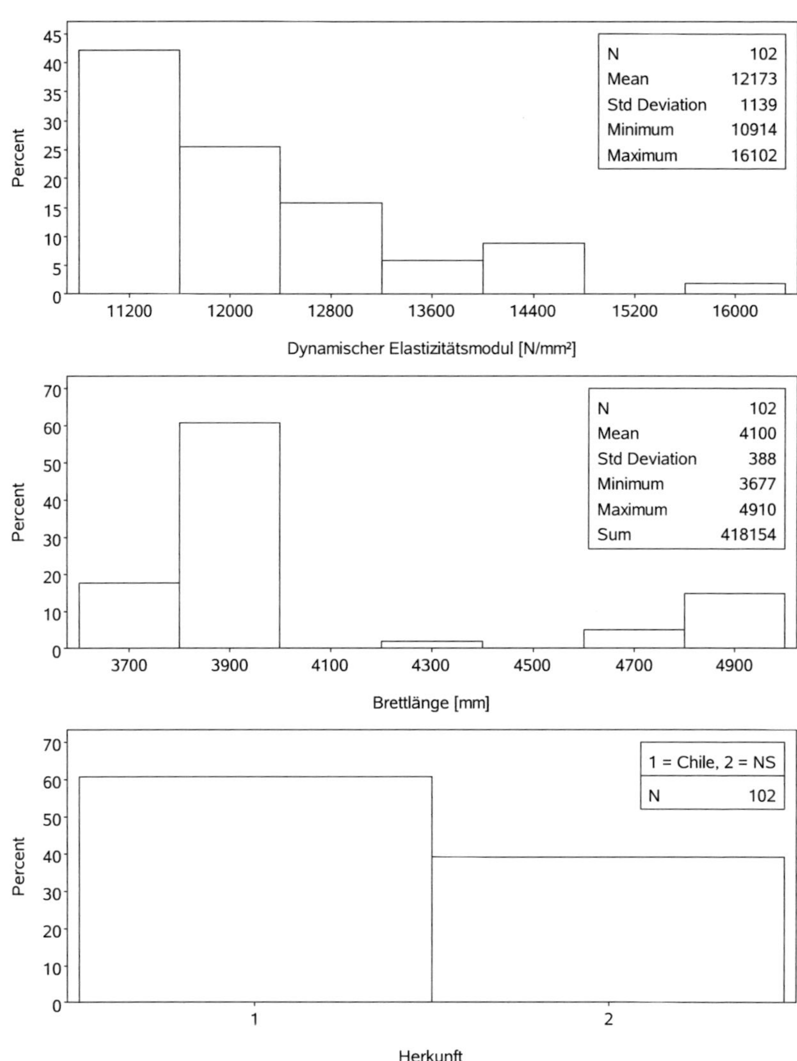

Bild 7-16   *(Forts.) Sortierung E: Elastizitätsmodul (o.), Länge (Mitte) und Herkunft (u.)*

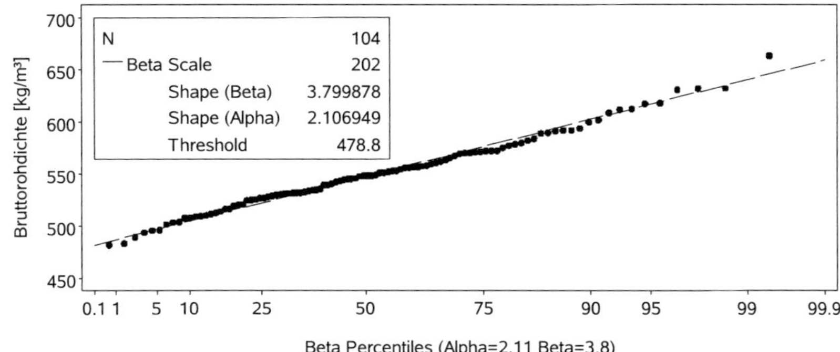

Bild 7-17   Sortierung C: Betaverteilung der Rohdichte

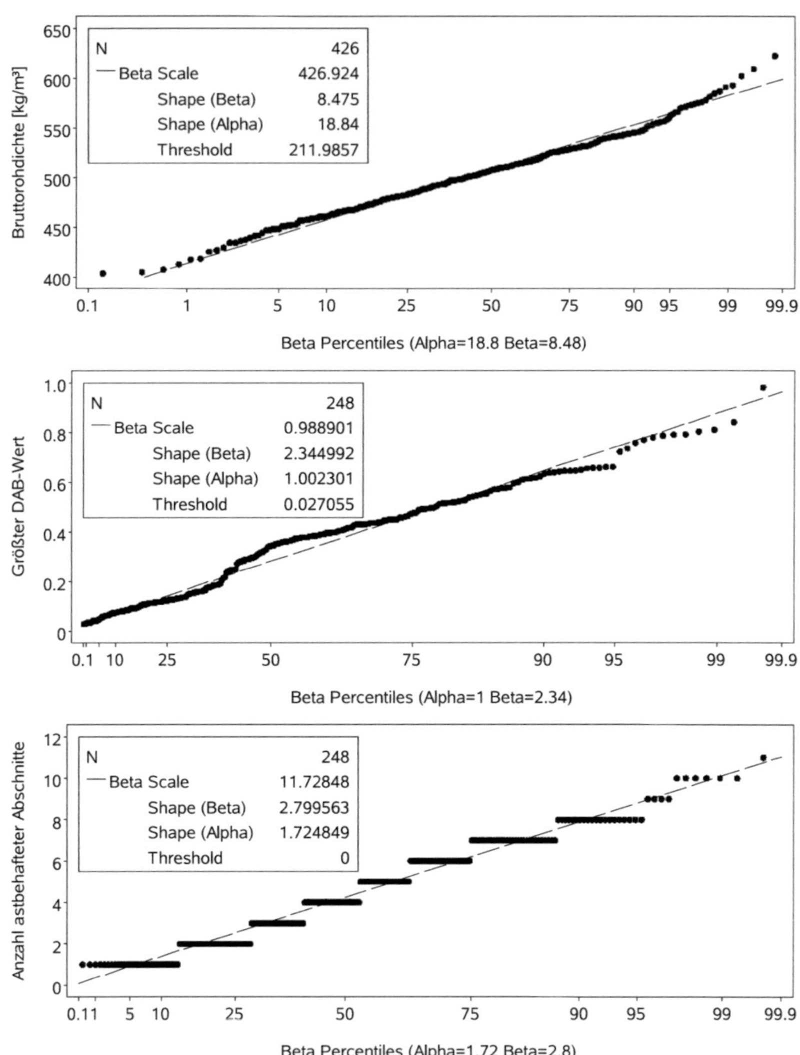

Bild 7-17   (Forts.) Sortierung D: Betaverteilungen der Rohdichte (o.), der Ästigkeit (Mitte) und der Asthäufigkeit (u.)

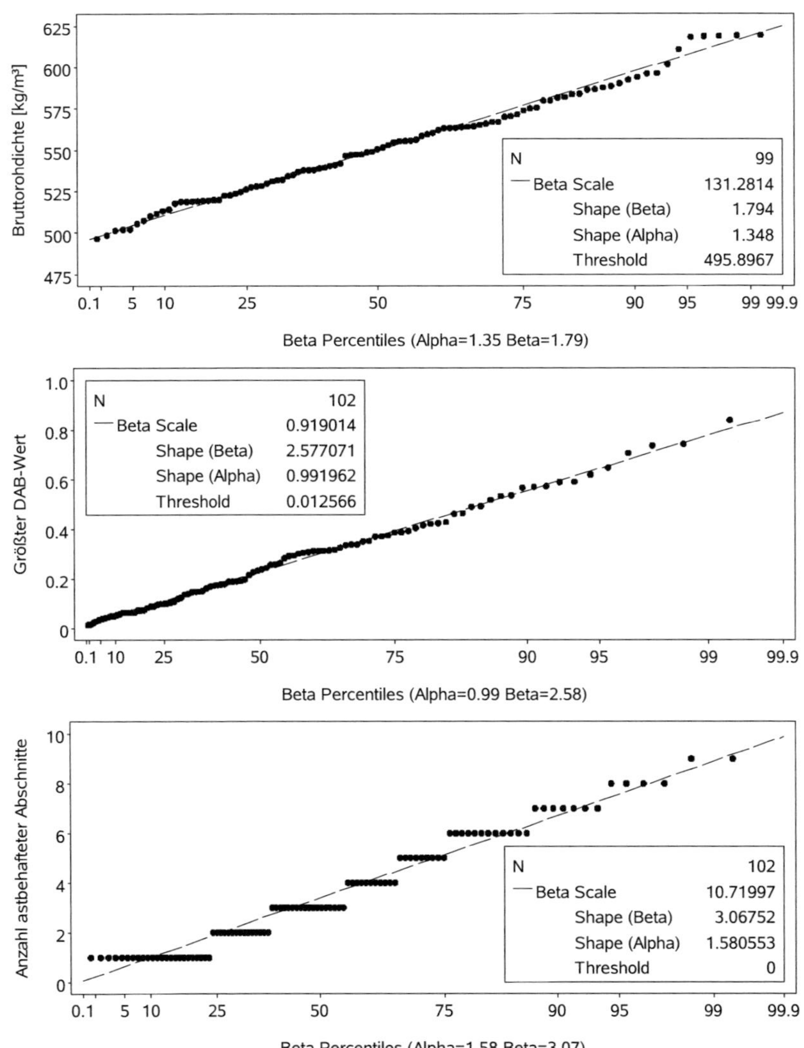

Bild 7-17   *(Forts.) Sortierung E: Betaverteilungen der Rohdichte, drei Werte ausgeschlossen (o.), der Ästigkeit (Mitte) und der Asthäufigkeit (u.)*

Bild 7-18 a   Lokales Versagen E1/1 in der Druckzone

Bild 7-18 b   Bruchbilder E1/2 (ℓ.) und E1/3 (r.)

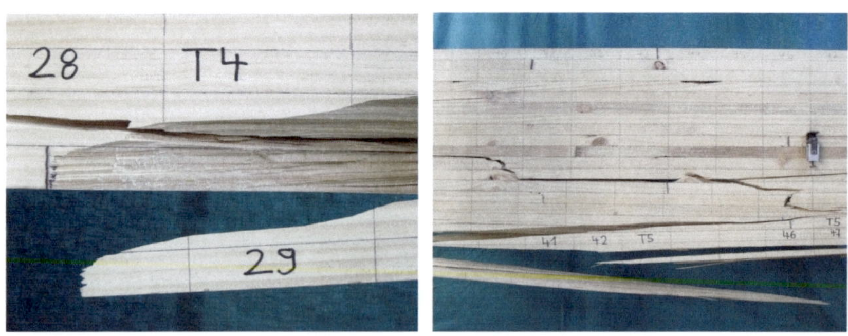

Bild 7-18 c   Lokales Versagen E1/4 in der Zugzone (ℓ.) und Bruchbild E1/5 (r.)

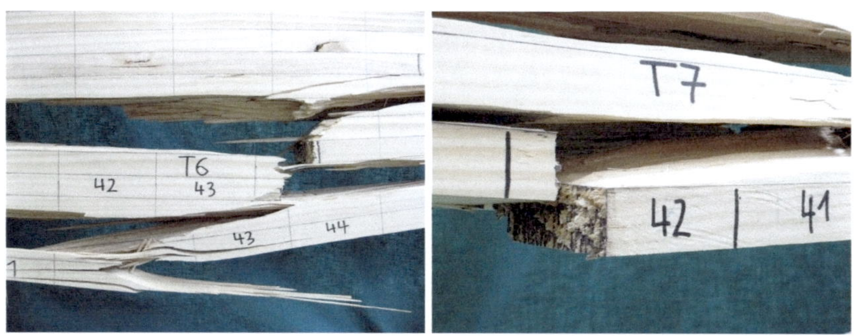

Bild 7-18 d   Bruchbild E1/6 (ℓ.) und lokales Versagen E1/7 in der Zugzone (r.)

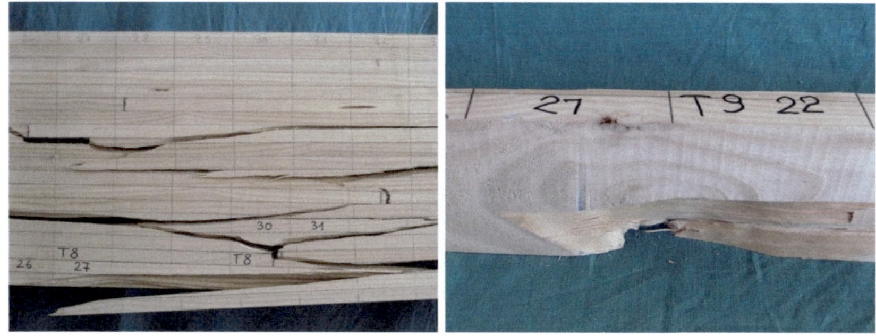

Bild 7-18 e   Bruchbild E1/8 (ℓ.) und lokales Versagen E1/9 in der Zugzone,
ausgesägter Trägerteil (r.)

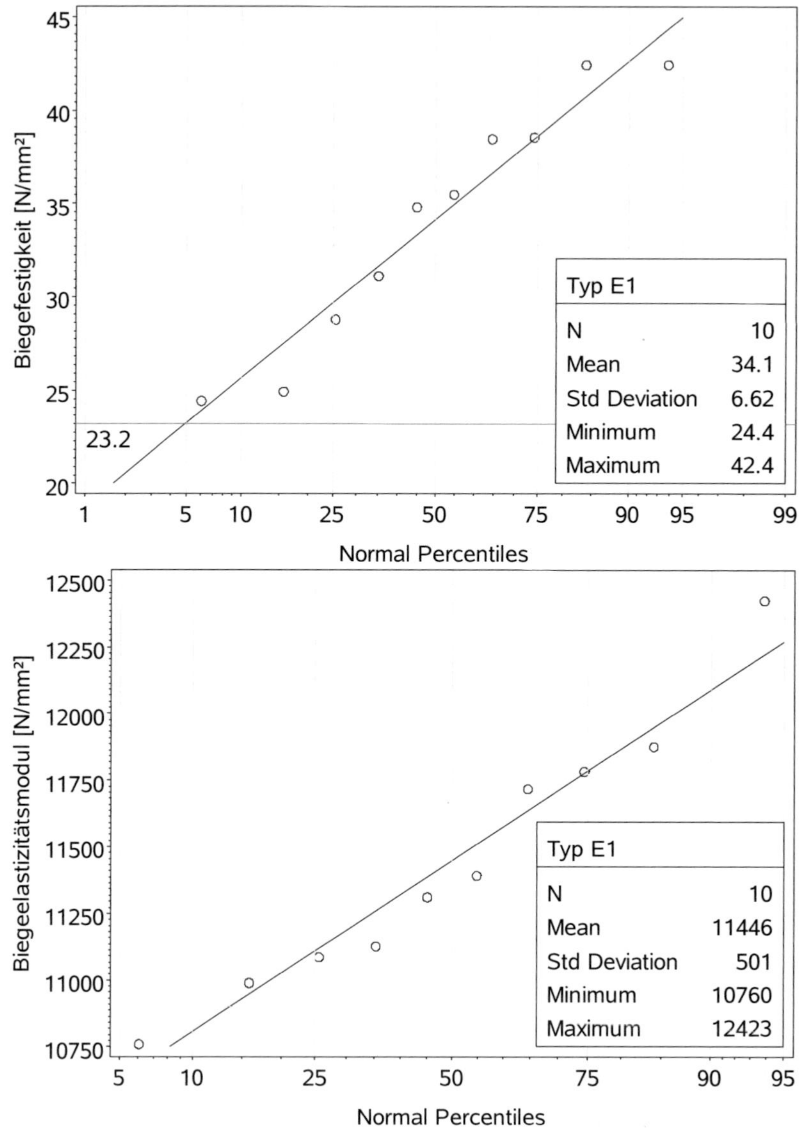

Bild 7-19 a   Versuchsträger E1: experimentelle mechanische Eigenschaften

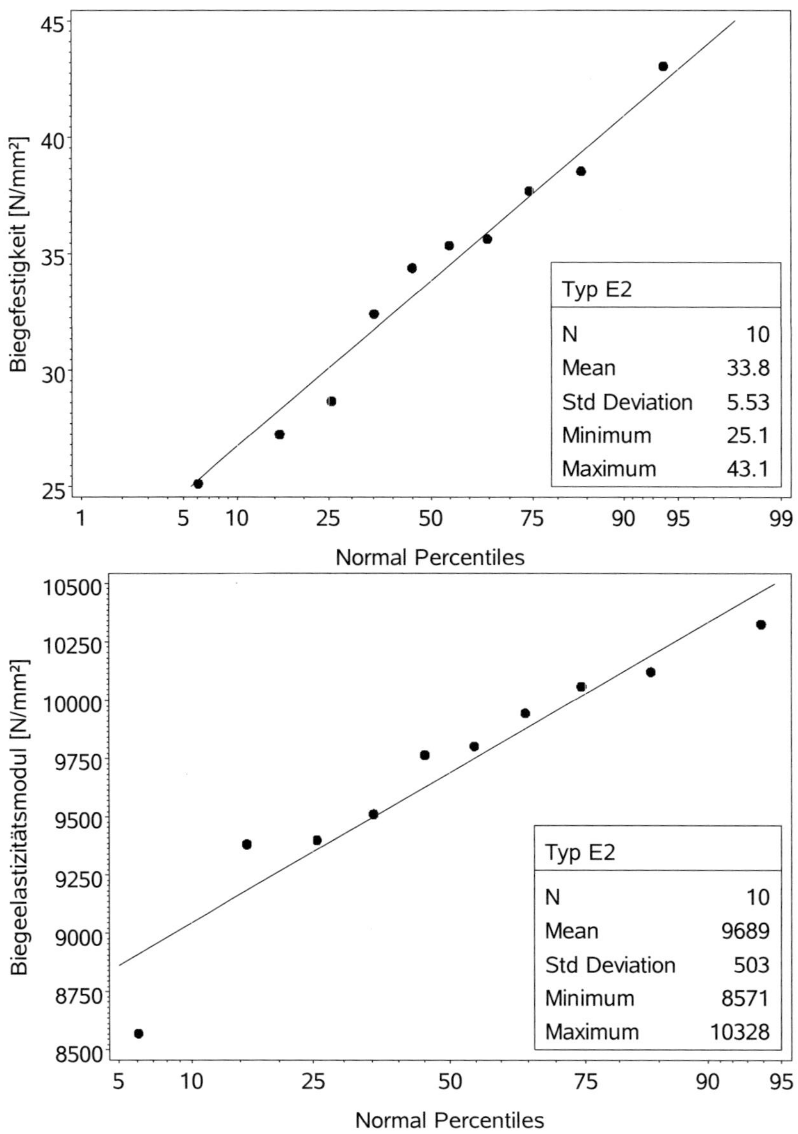

Bild 7-19 b   Versuchsträger E2: experimentelle mechanische Eigenschaften

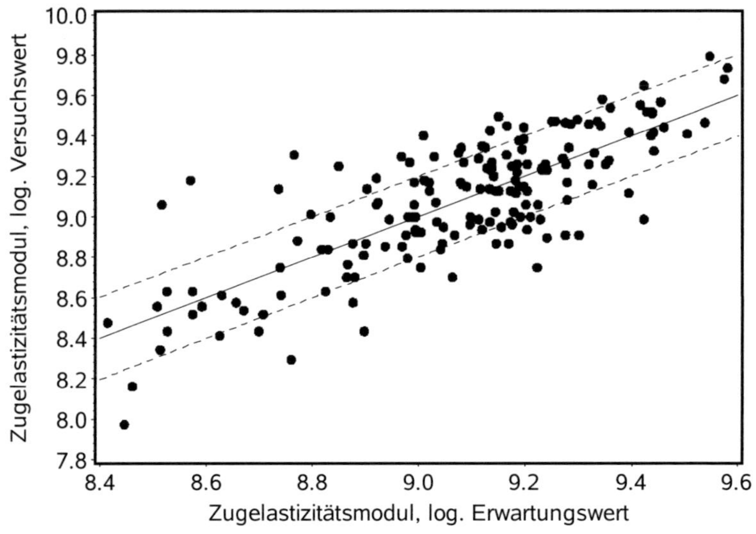

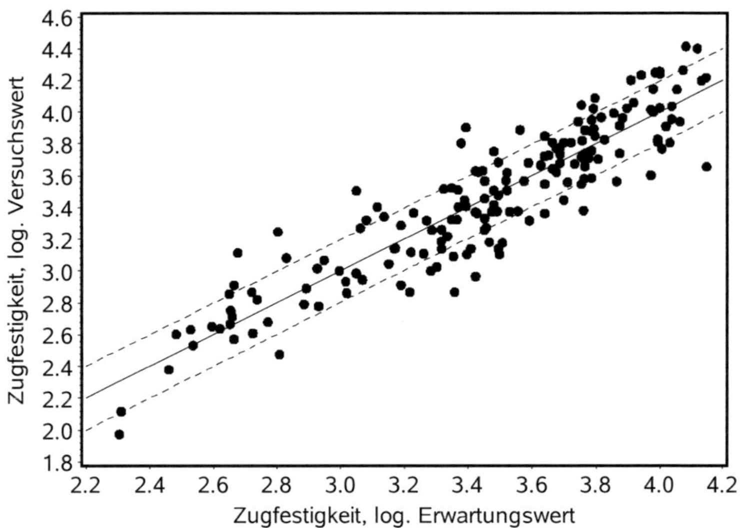

Bild 7-20   *150-mm-Brettabschnitte: Versuchs- und Erwartungswerte des Zugelastizitätsmoduls (o.) und der Zugfestigkeit (u.)*

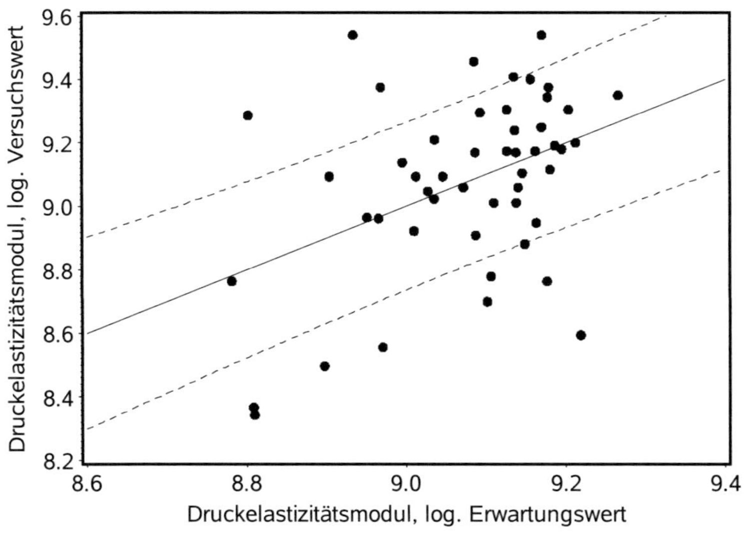

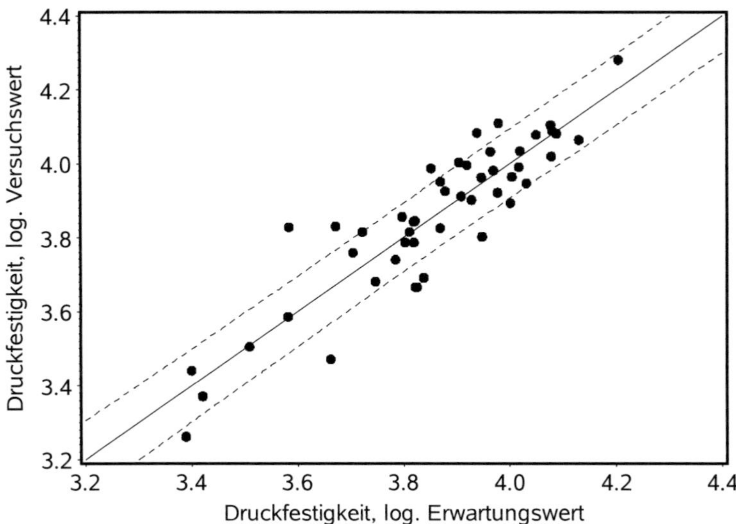

Bild 7-20   *(Forts.) 150-mm-Brettabschnitte: Versuchs- und Erwartungswerte des Druckelastizitätsmoduls (o.) und der Druckfestigkeit (u.)*

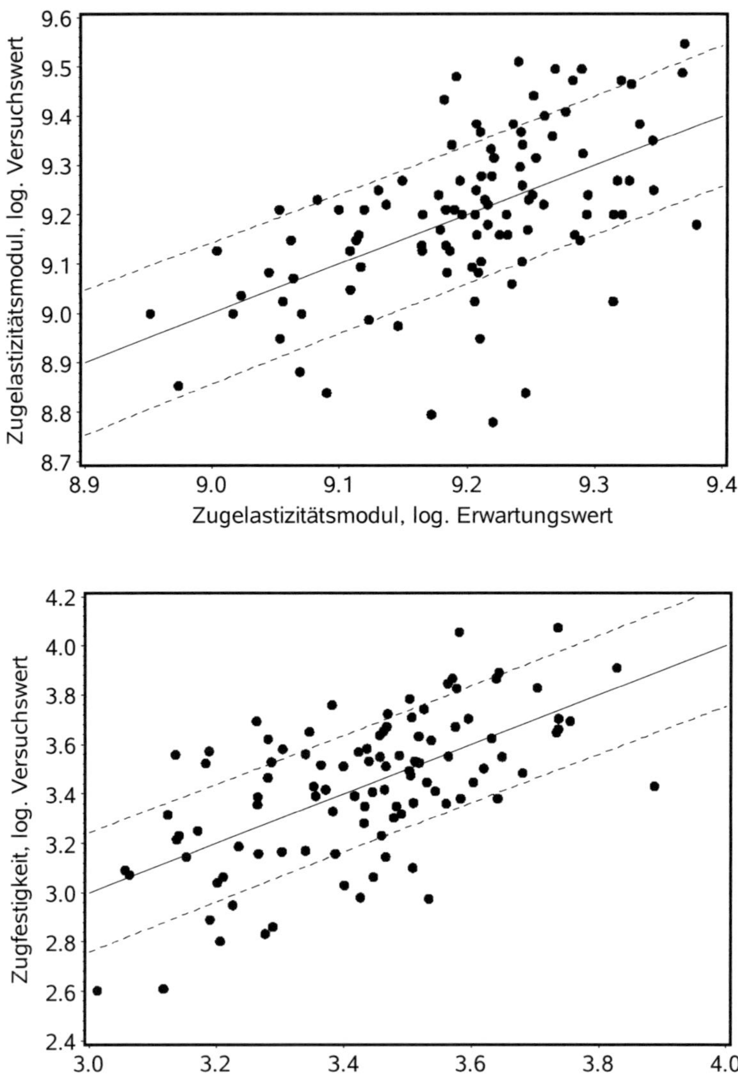

Bild 7-20   *(Forts.) 150-mm-Keilzinkenabschnitte: Versuchs- und Erwartungswerte des Zugelastizitätsmoduls (o.) und d. Zugfestigkeit (u.)*

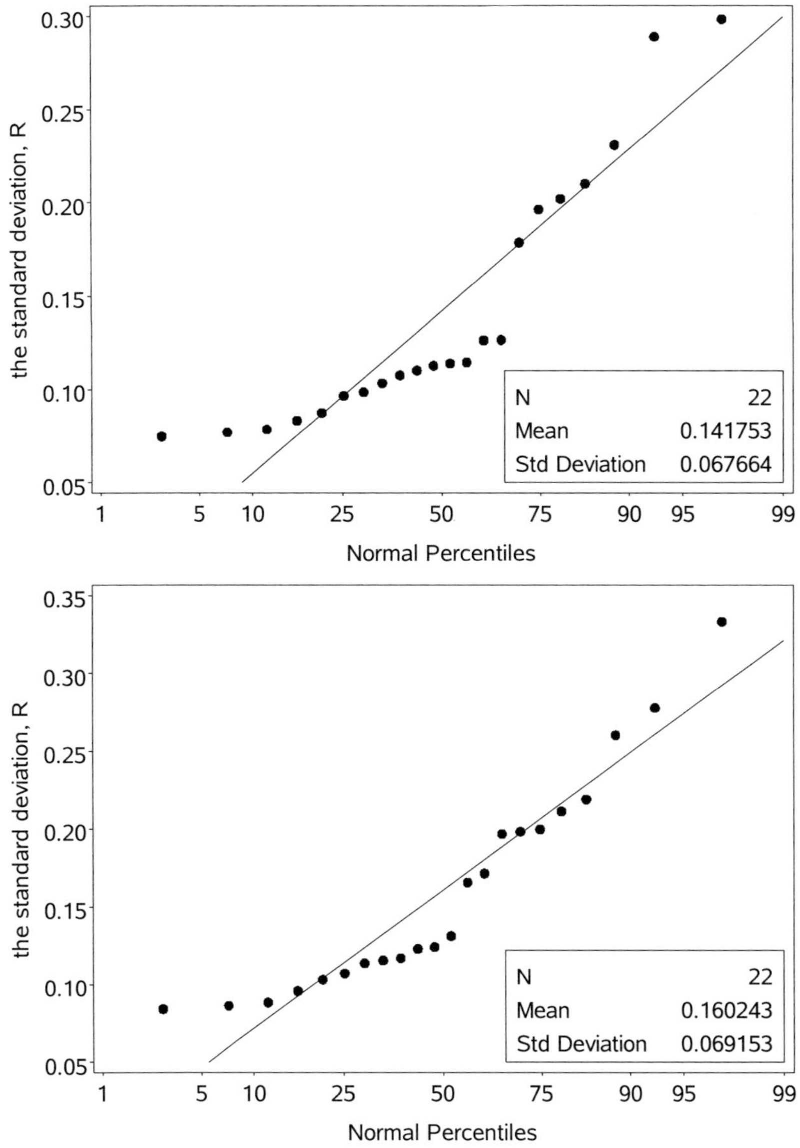

Bild 7-21   Verteilung der brettbezogenen Standardabweichung beim Zugelastizitätsmodul (o.) und bei der Zugfestigkeit (u.)

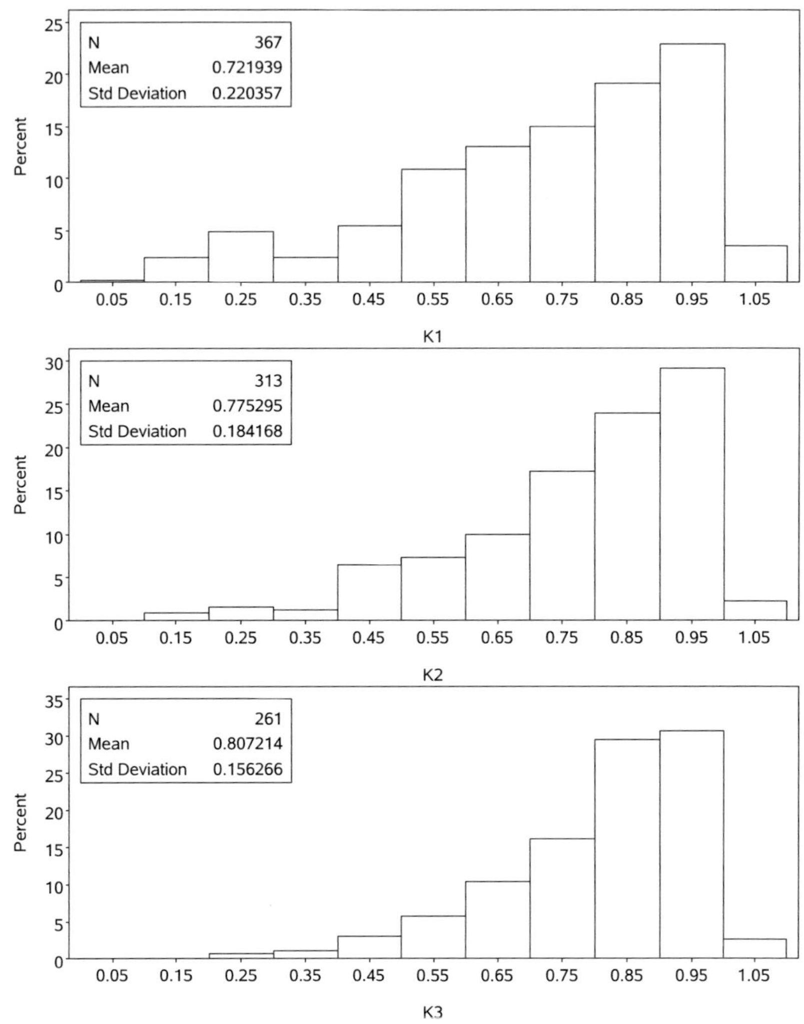

Bild 7-22   Häufigkeitsverteilungen der Quotienten K_1 bis K_3

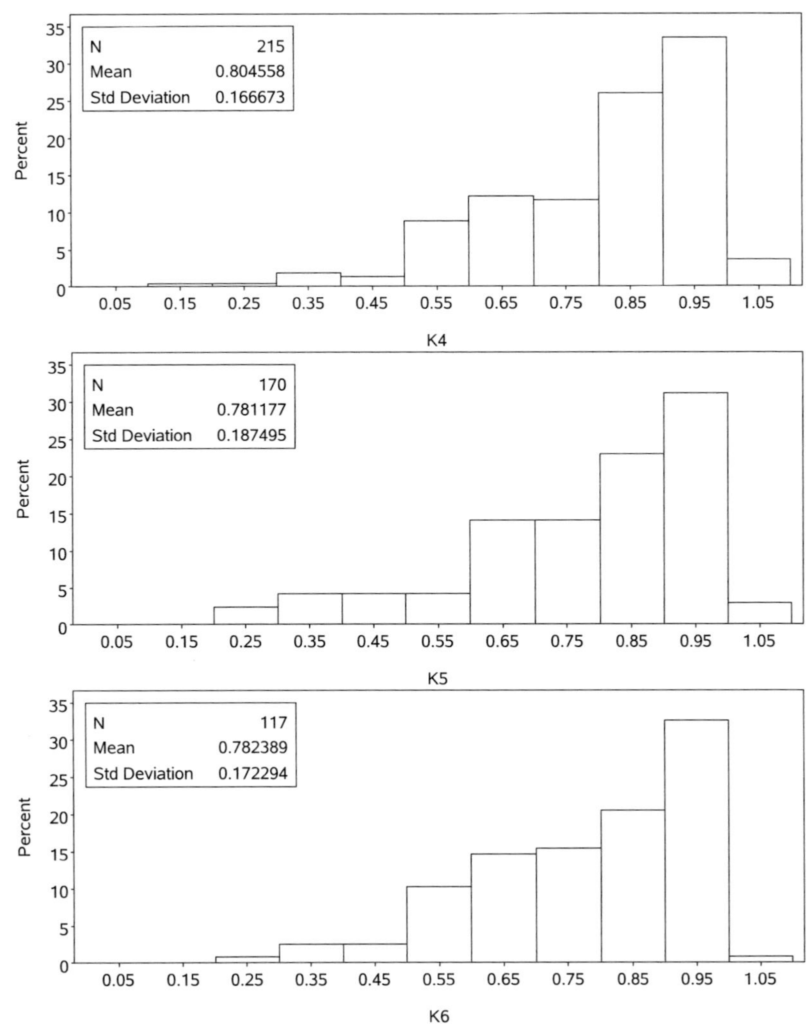

Bild 7-22   *(Forts.) Häufigkeitsverteilungen der Quotienten K_4 bis K_6*

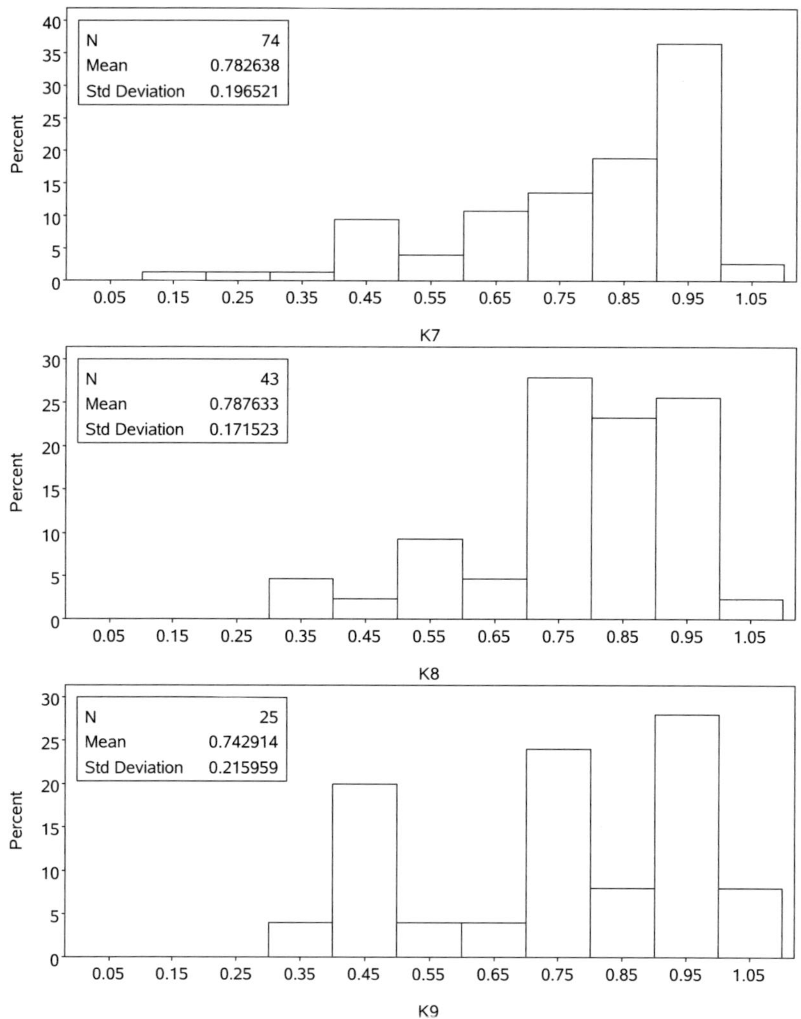

Bild 7-22   *(Forts.) Häufigkeitsverteilungen der Quotienten K_7 bis K_9*

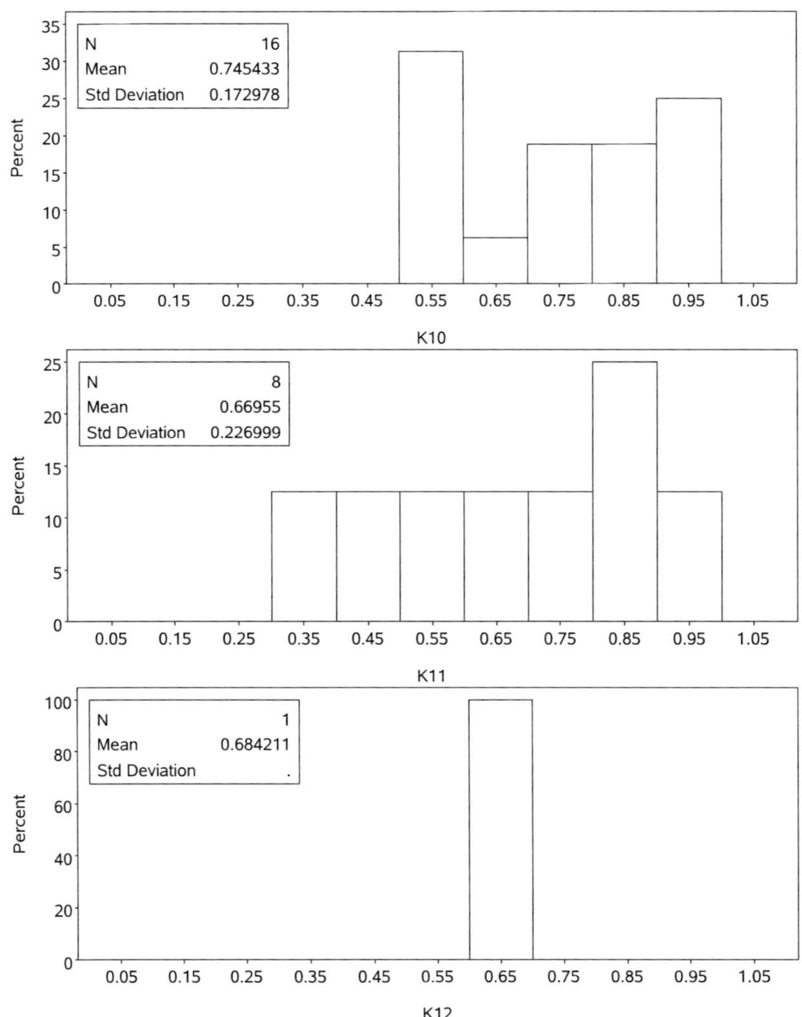

Bild 7-22   *(Forts.) Häufigkeitsverteilungen der Quotienten K_{10} bis K_{12}*

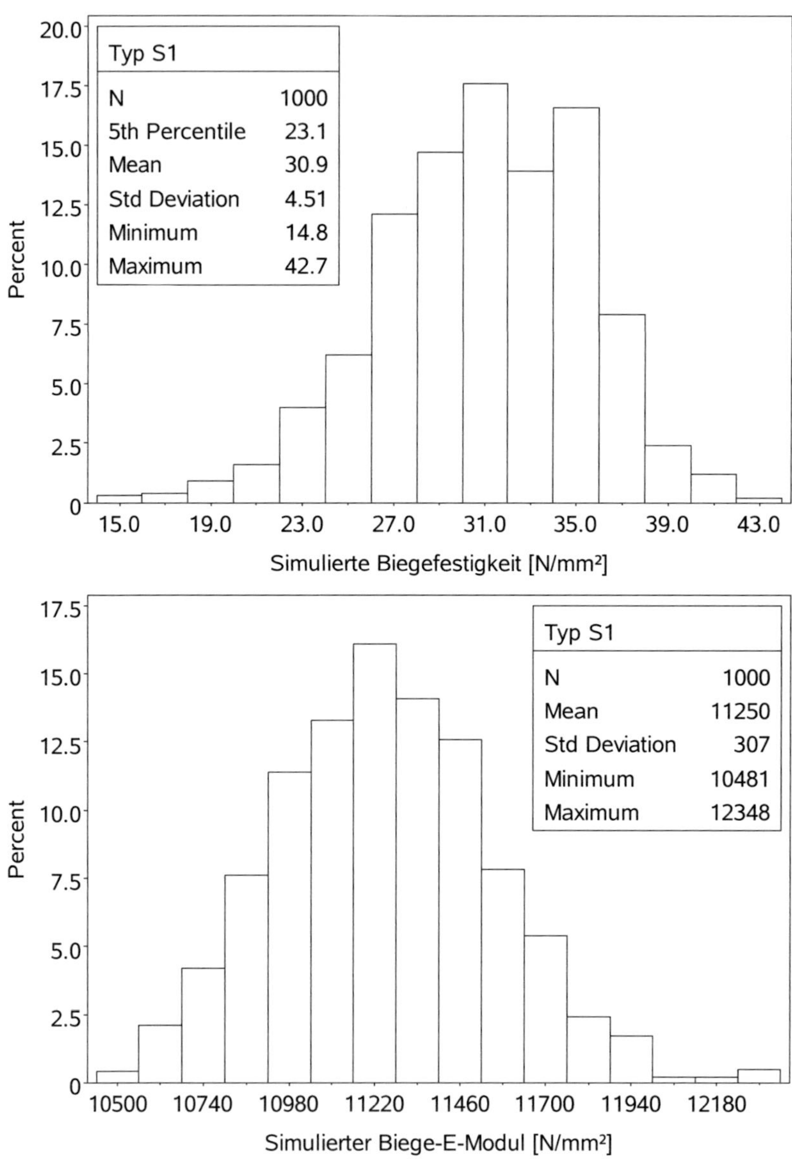

Bild 7-23 a   Träger S1: simulierte mechanische Eigenschaften

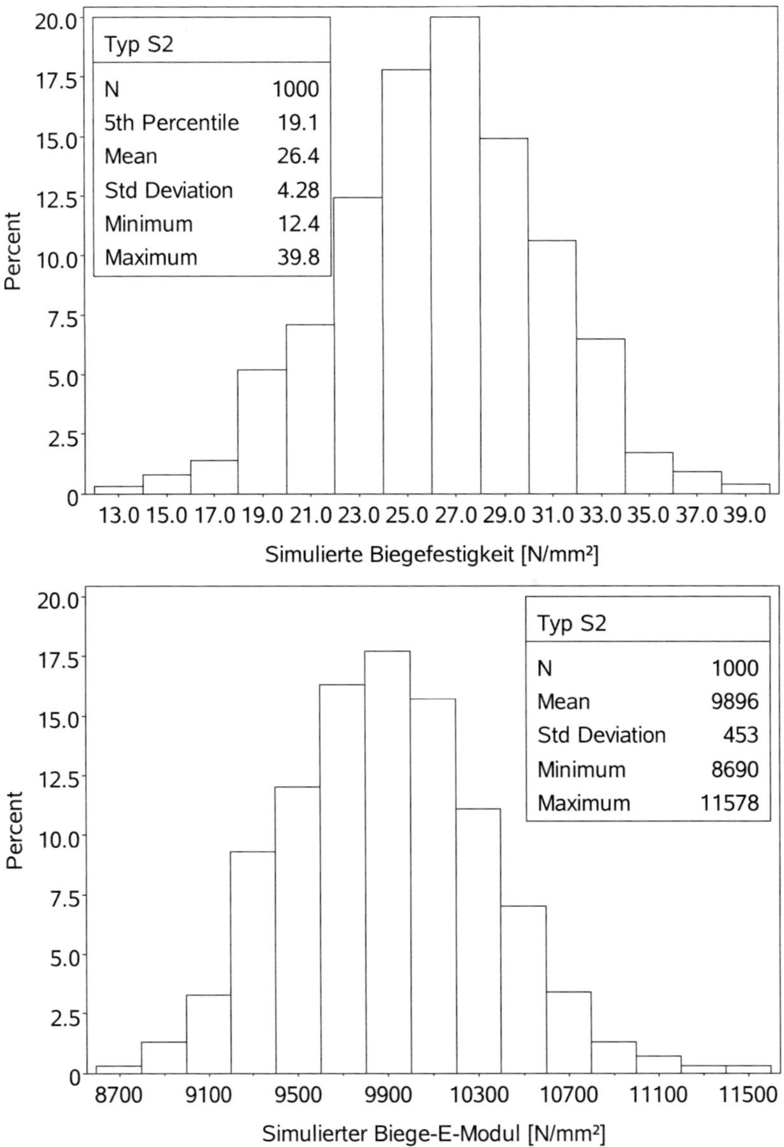

Bild 7-23 b   Träger S2: simulierte mechanische Eigenschaften

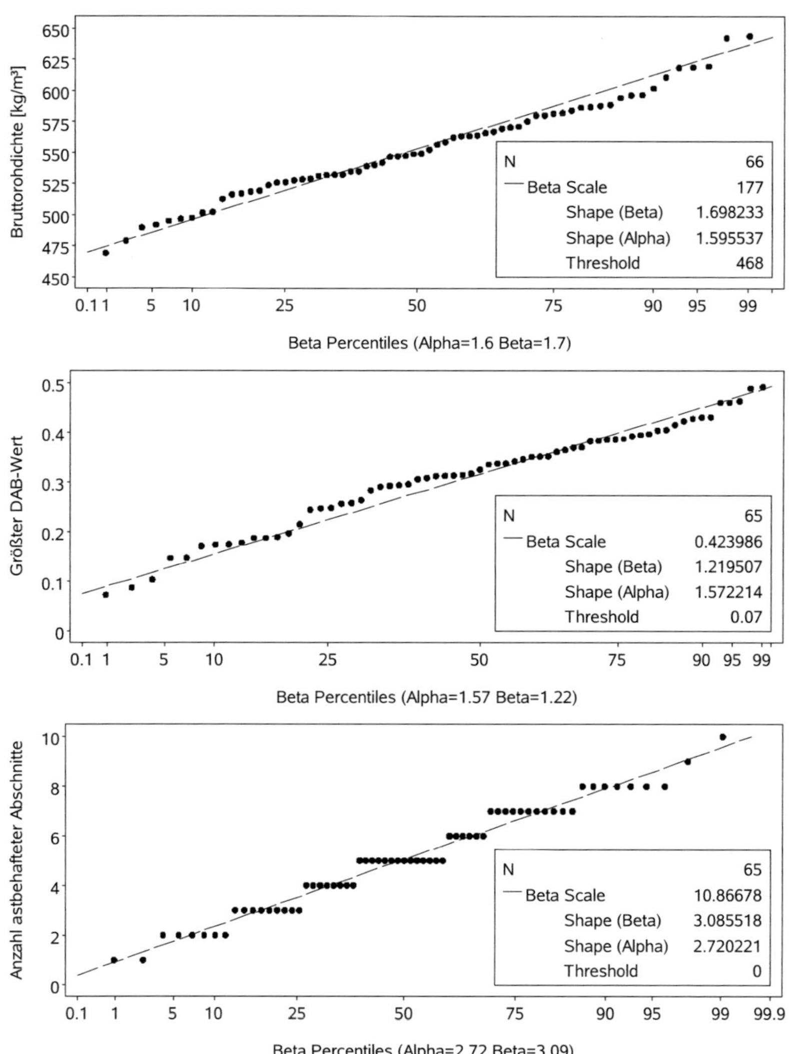

Bild 7-24   Randlamellen für S3: Betaverteilungen der Rohdichte (o.), der Ästigkeit (Mitte) und der Asthäufigkeit (u.)

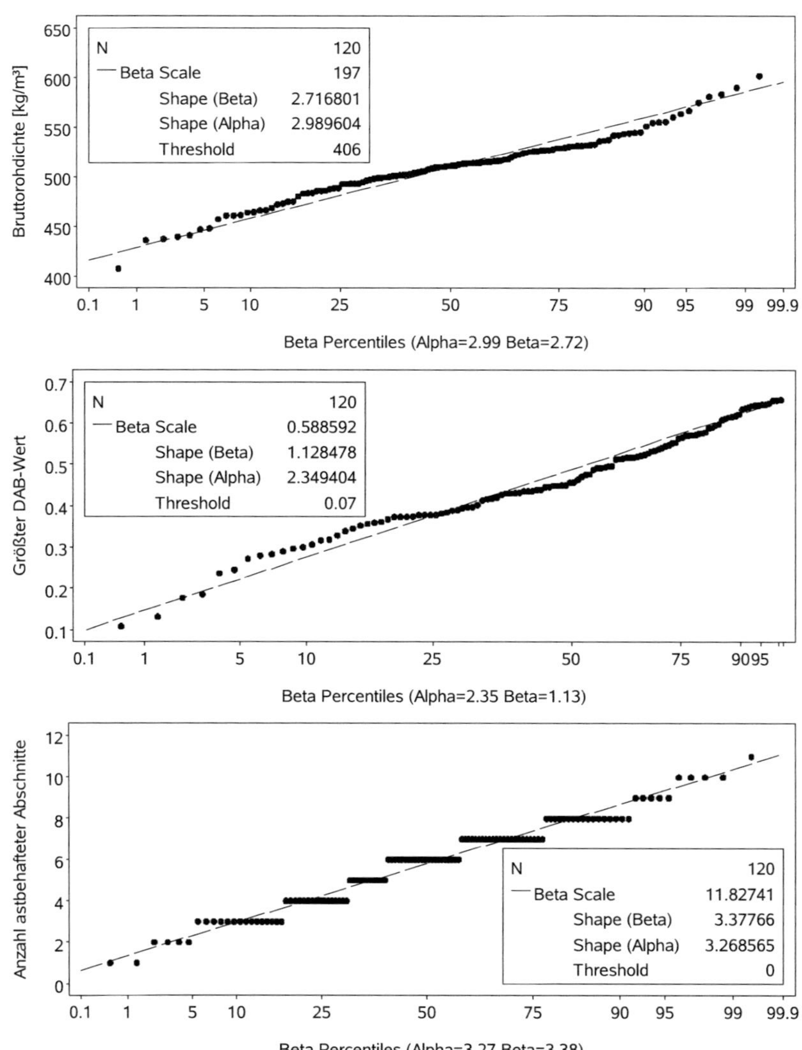

Bild 7-24   (Forts.) Kernlamellen für S3: Betaverteilungen der Rohdichte (o.), der Ästigkeit (Mitte) und der Asthäufigkeit (u.)

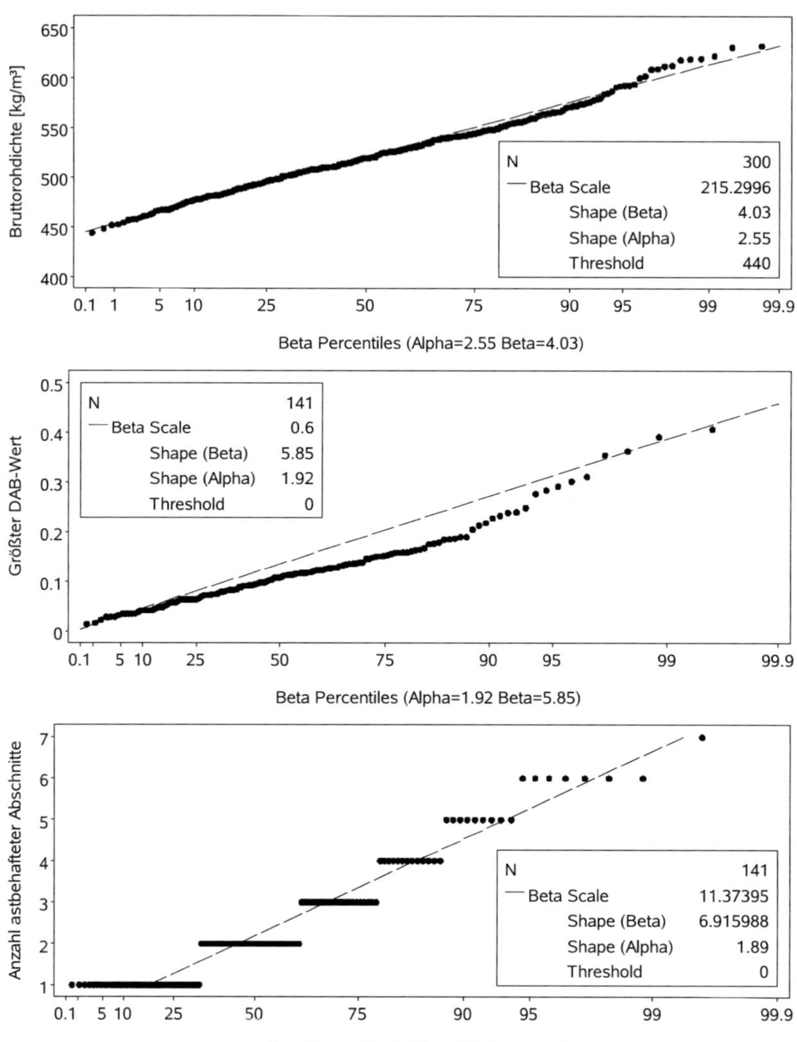

Bild 7-24   (Forts.) Lamellen für S4: Betaverteilungen der Rohdichte (o.), der Ästigkeit (Mitte) und der Asthäufigkeit (u.); zugunsten der Anpassung an die empirische Verteilung großer DAB-Werte fällt die Anpassung im Bereich zwischen dem 25-%- und 95-%-Quantil konservativ aus

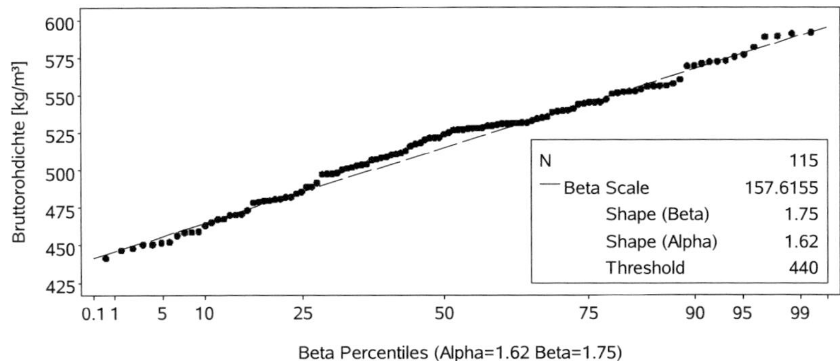

Bild 7-24   (Forts.) Lamellen für S5: Betaverteilung der Rohdichte

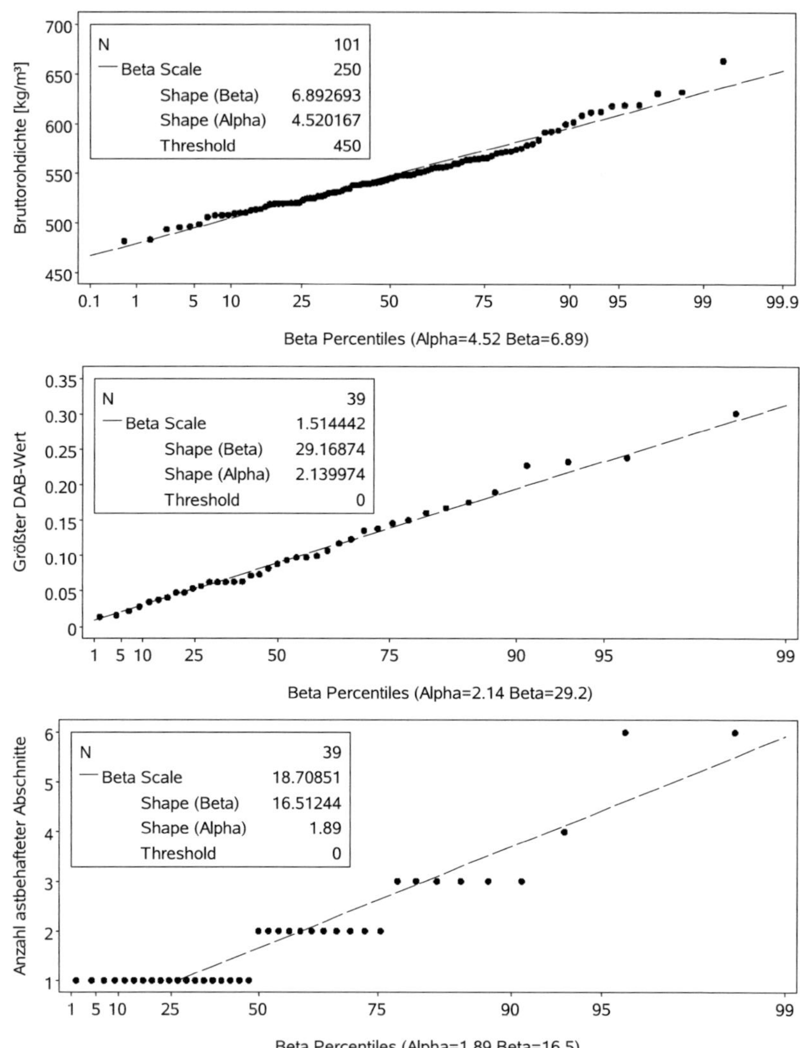

*Bild 7-24   (Forts.) Randlamellen für S7: Betaverteilungen der Rohdichte (o.),
der Ästigkeit (Mitte) und der Asthäufigkeit (u.)*

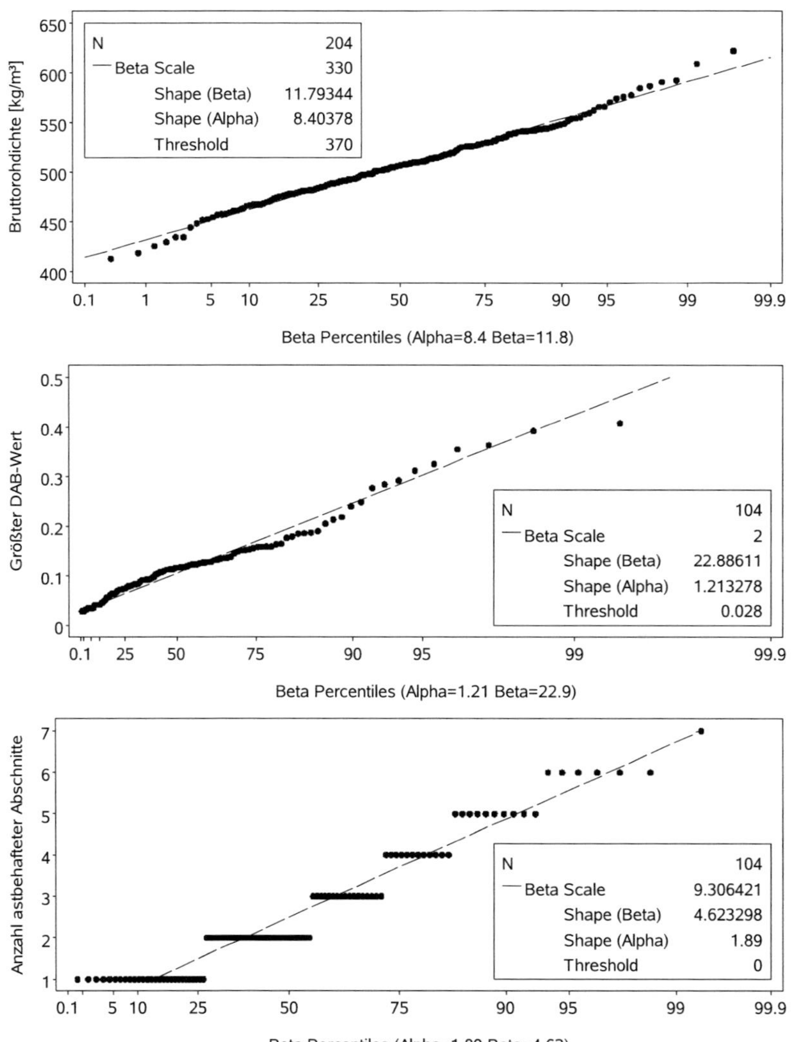

Bild 7-24   (Forts.) Kernlamellen für S7: Betaverteilungen der Rohdichte (o.), der Ästigkeit (Mitte) und der Asthäufigkeit (u.)

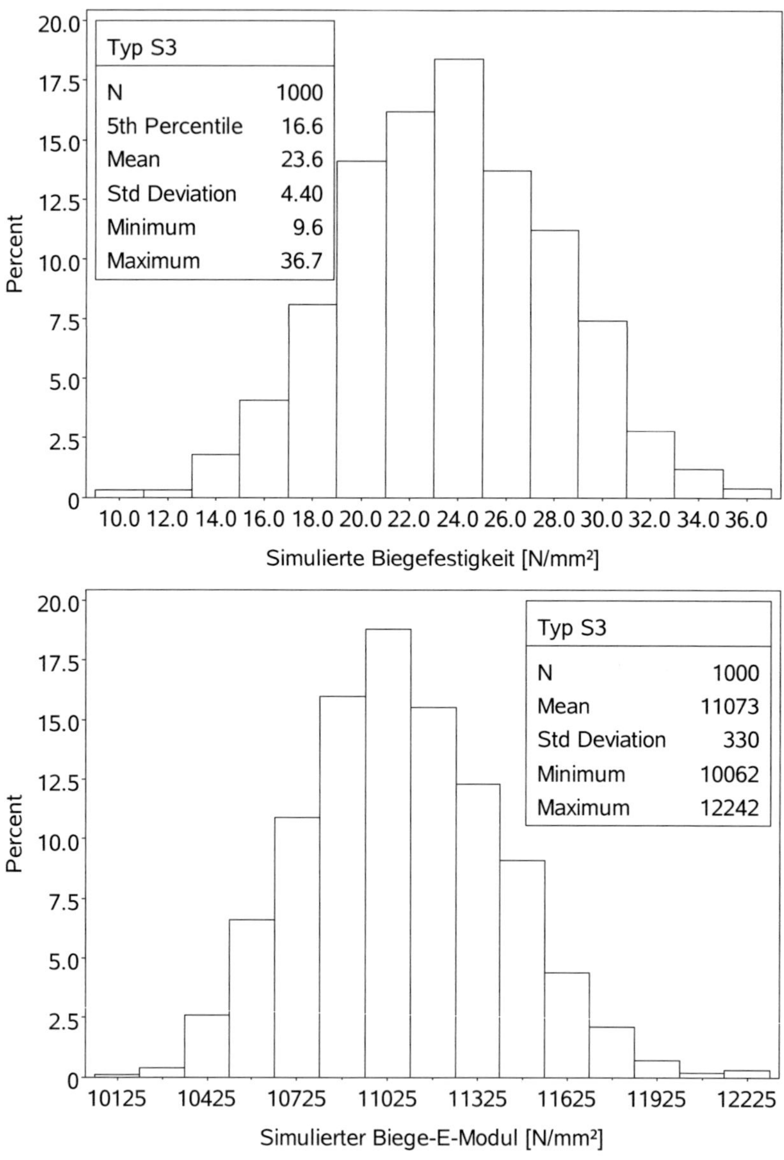

Bild 7-25   Träger S3: simulierte mechanische Eigenschaften

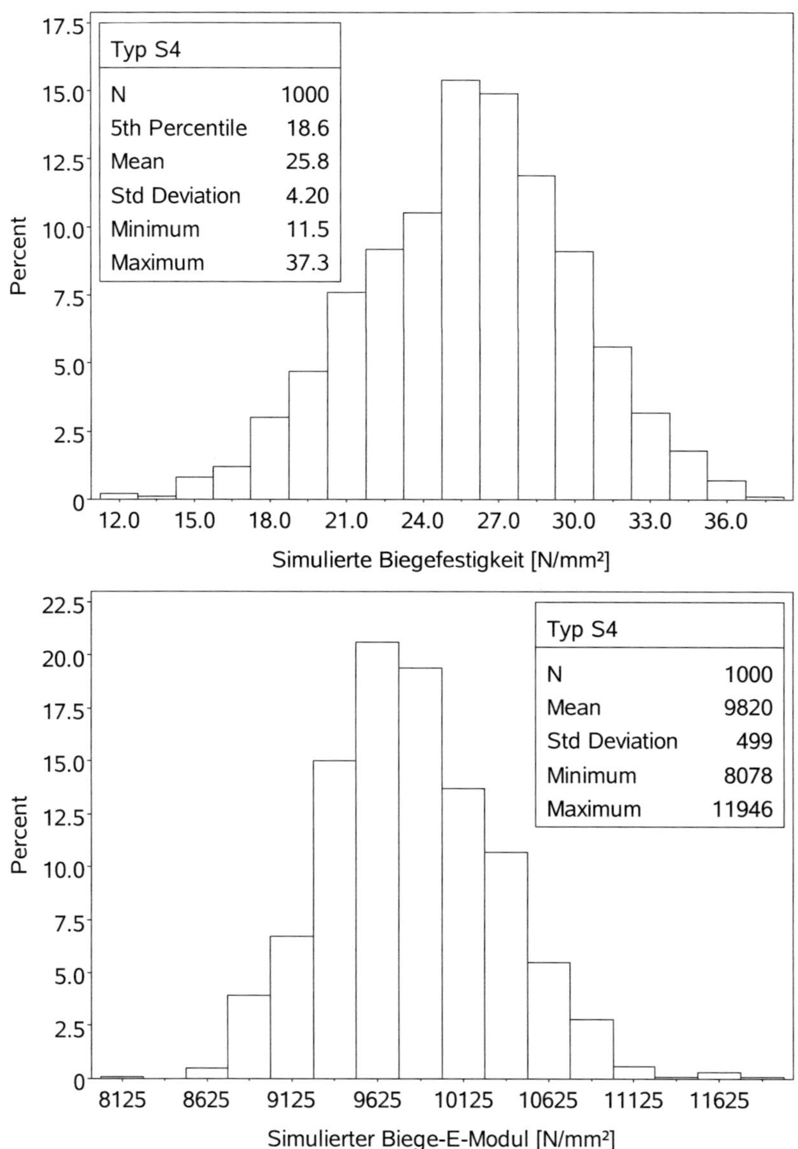

Bild 7-25   (Forts.) Träger S4: simulierte mechanische Eigenschaften

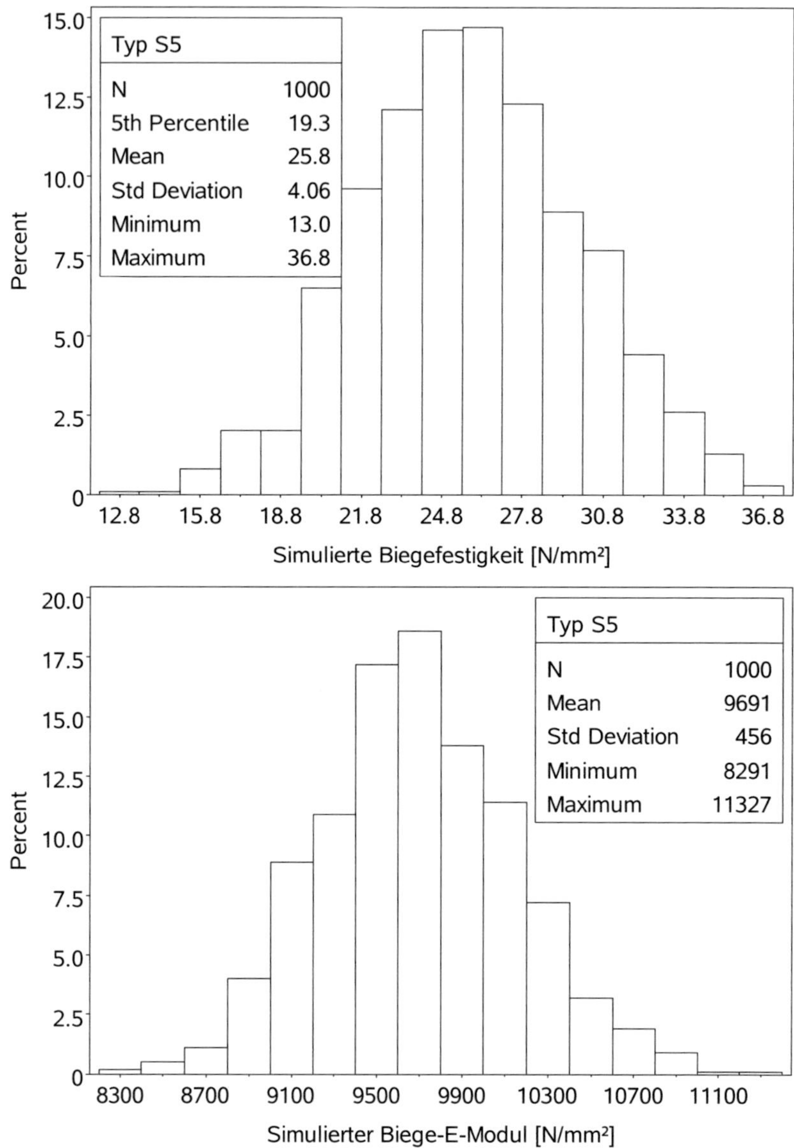

Bild 7-25   (Forts.) Träger S5: simulierte mechanische Eigenschaften

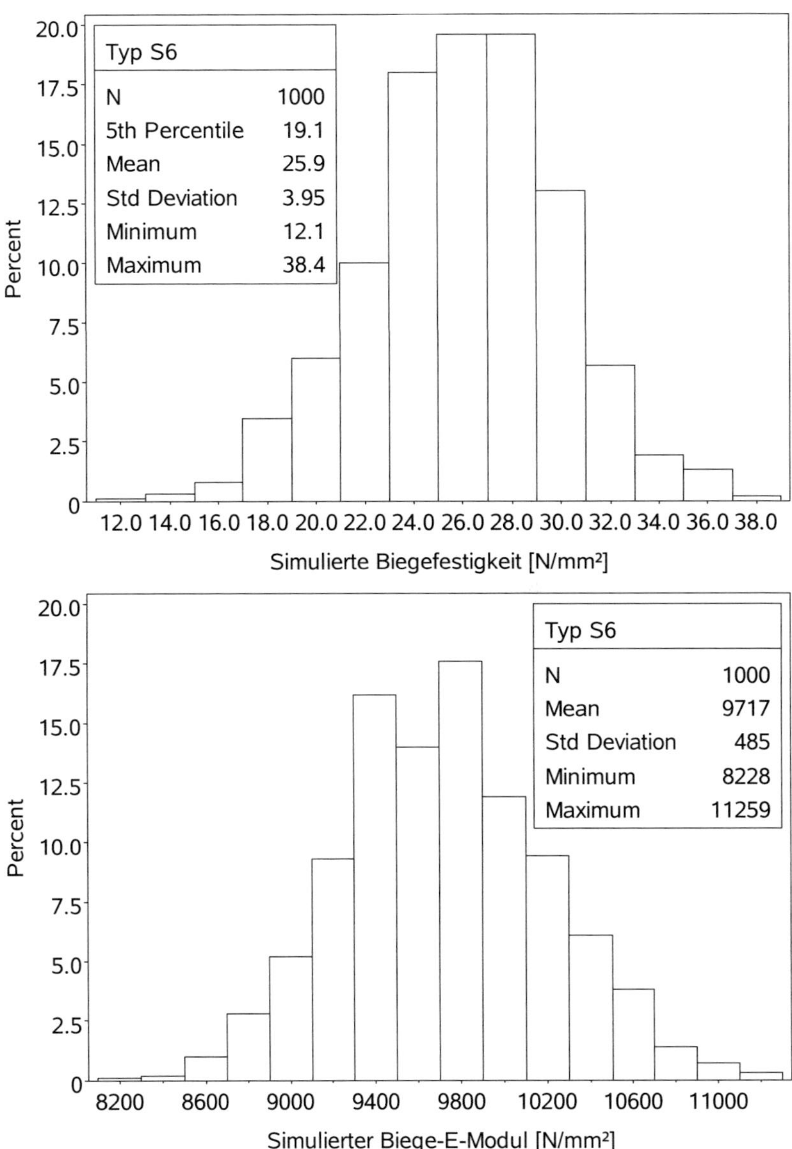

Bild 7-25   *(Forts.) Träger S6: simulierte mechanische Eigenschaften*

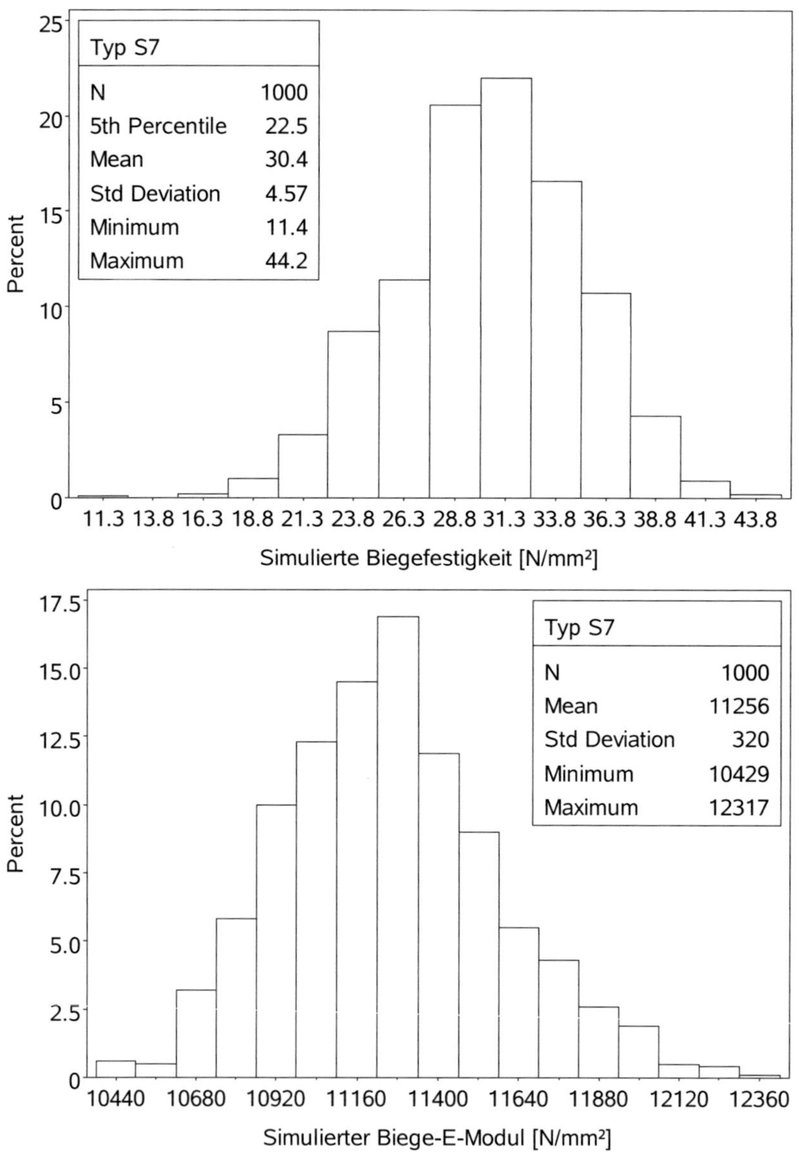

Bild 7-25   *(Forts.) Träger S7: simulierte mechanische Eigenschaften*

Bild 8-1   Verstärkter Prüfkörper (ℓ.) und lokales Ausknicken der Fasern (r.)

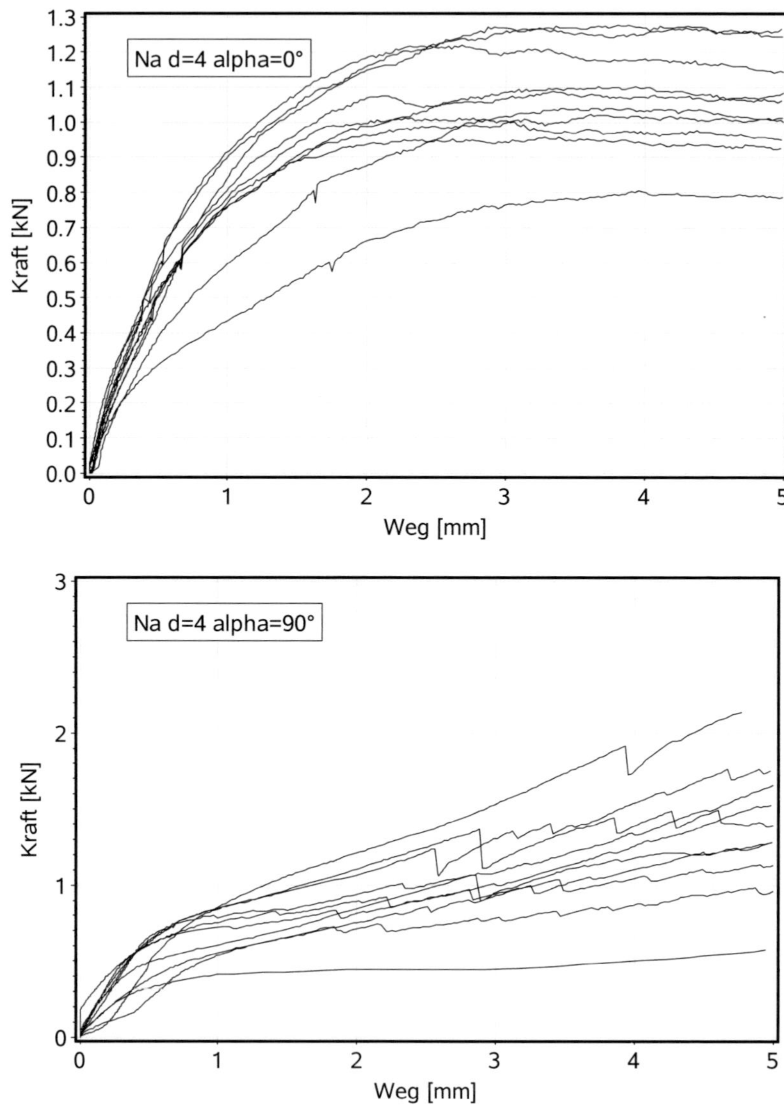

Bild 8-2   Lochleibungsversuche mit uRK

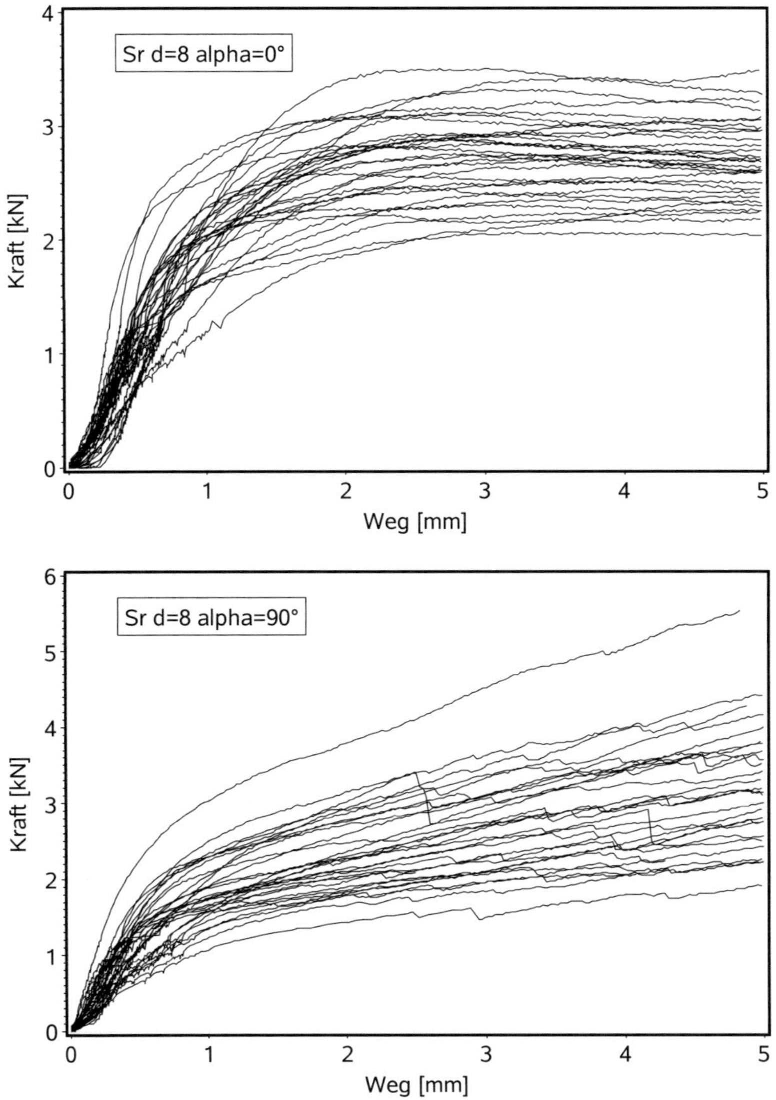

Bild 8-2   (Forts.) Lochleibungsversuche mit uRK

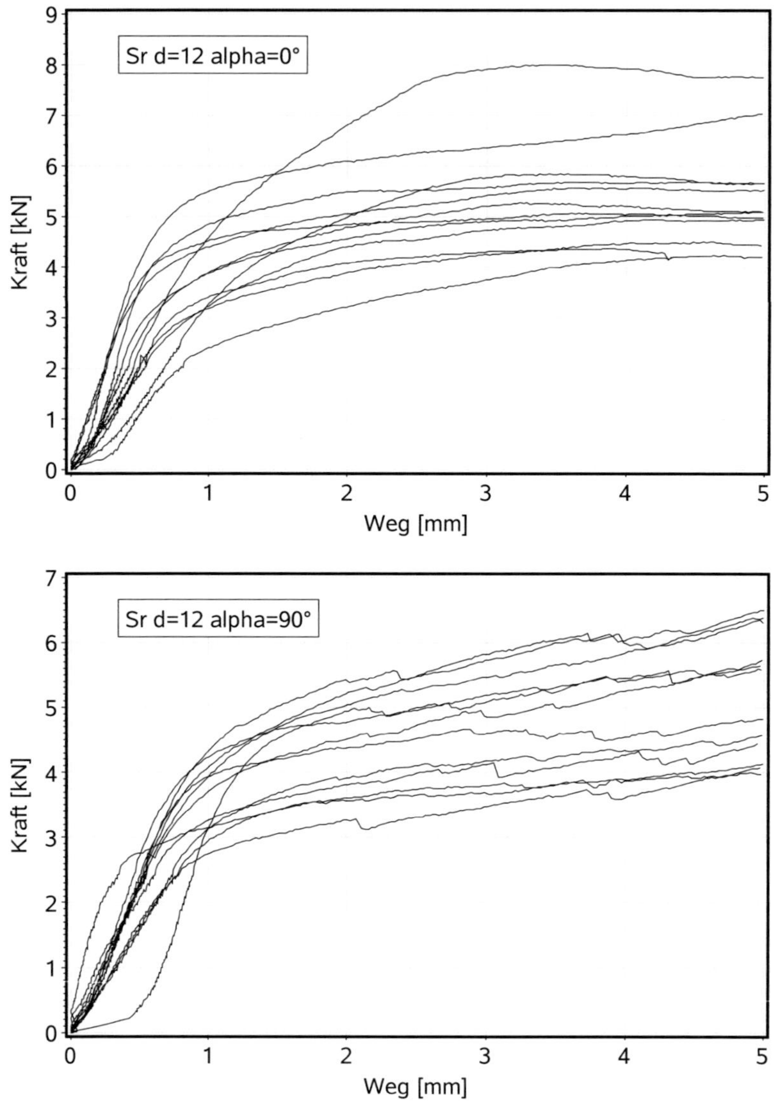

Bild 8-2   (Forts.) Lochleibungsversuche mit uRK

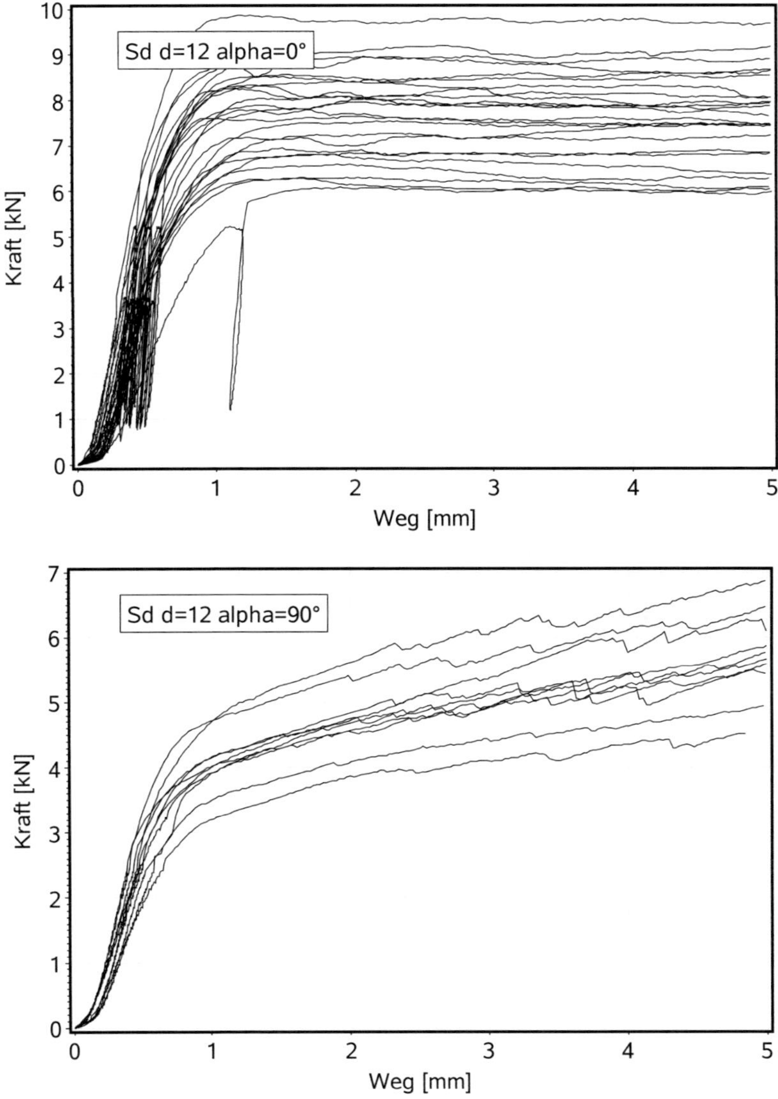

Bild 8-2   (Forts.) Lochleibungsversuche mit uRK

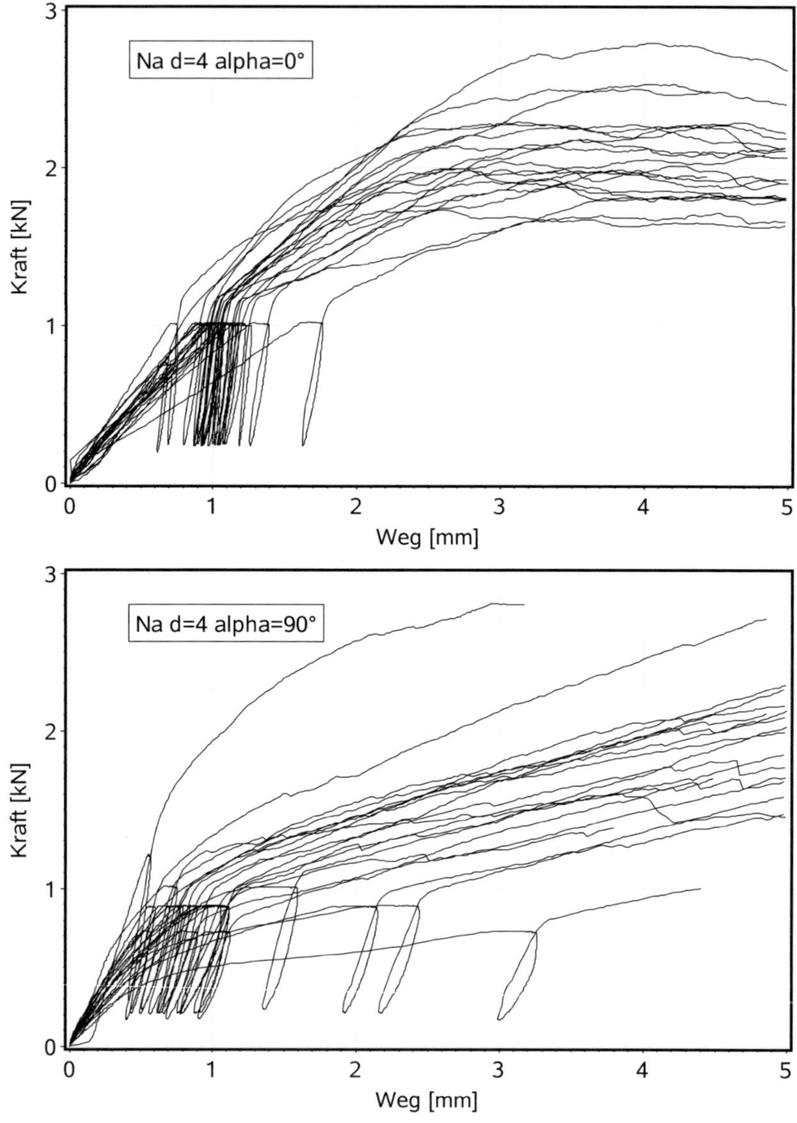

Bild 8-3   Lochleibungsversuche mit aRK

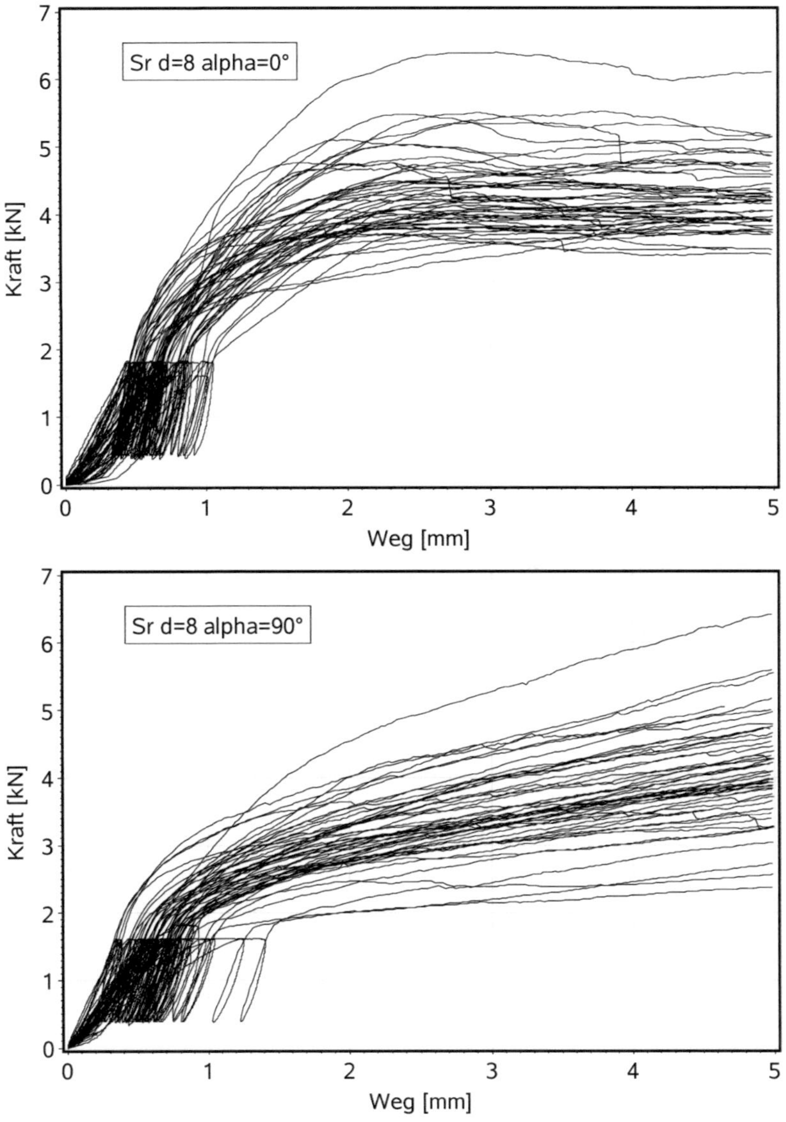

Bild 8-3   (Forts.) Lochleibungsversuche mit aRK

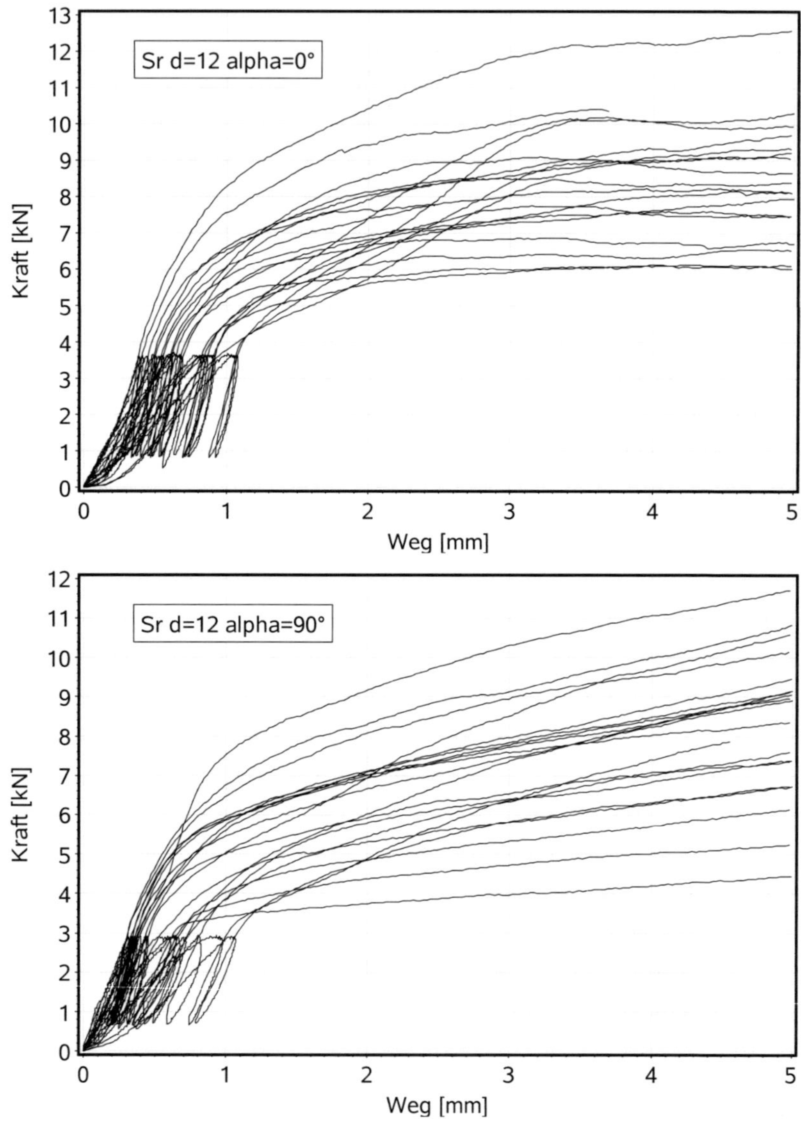

Bild 8-3   (Forts.) Lochleibungsversuche mit aRK

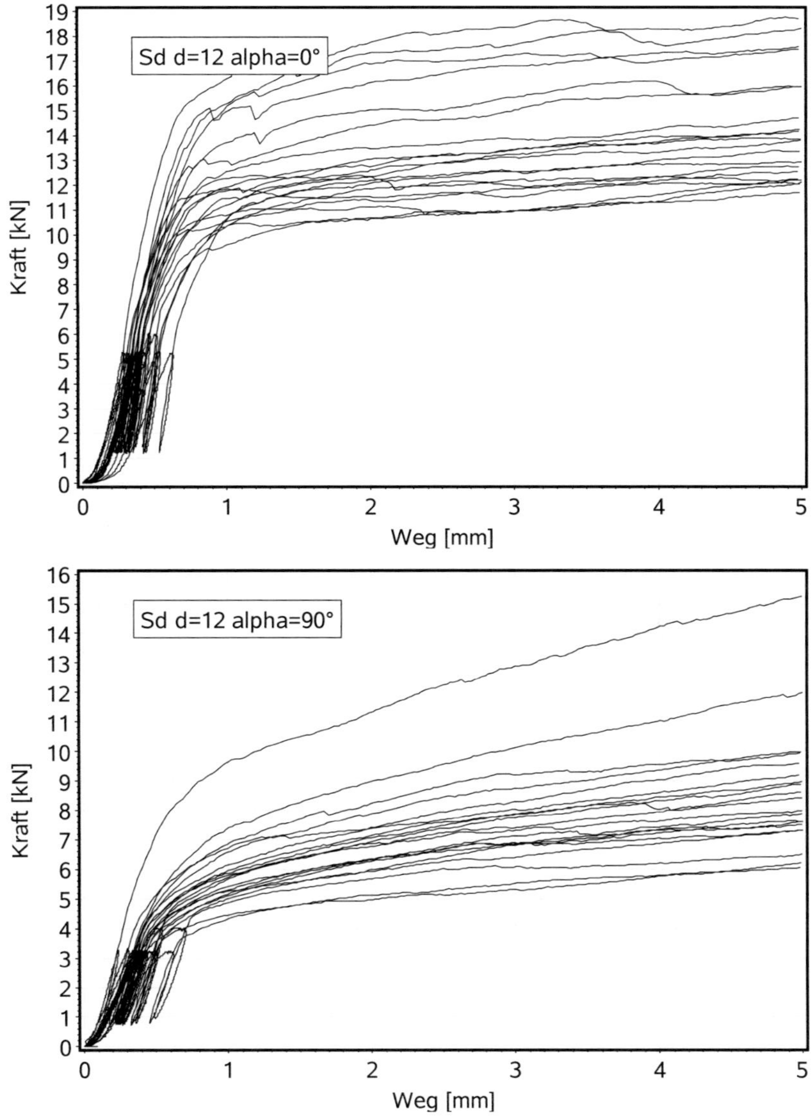

Bild 8-3   (Forts.) Lochleibungsversuche mit aRK

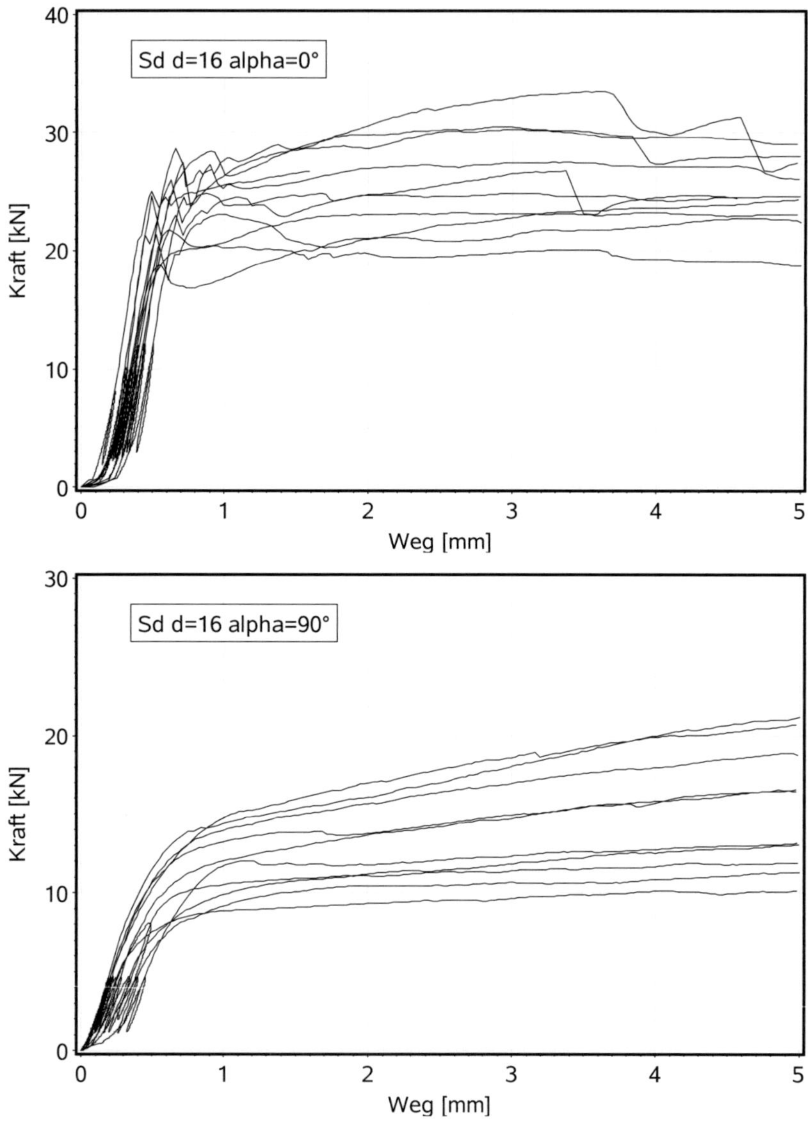

Bild 8-3   (Forts.) Lochleibungsversuche mit aRK

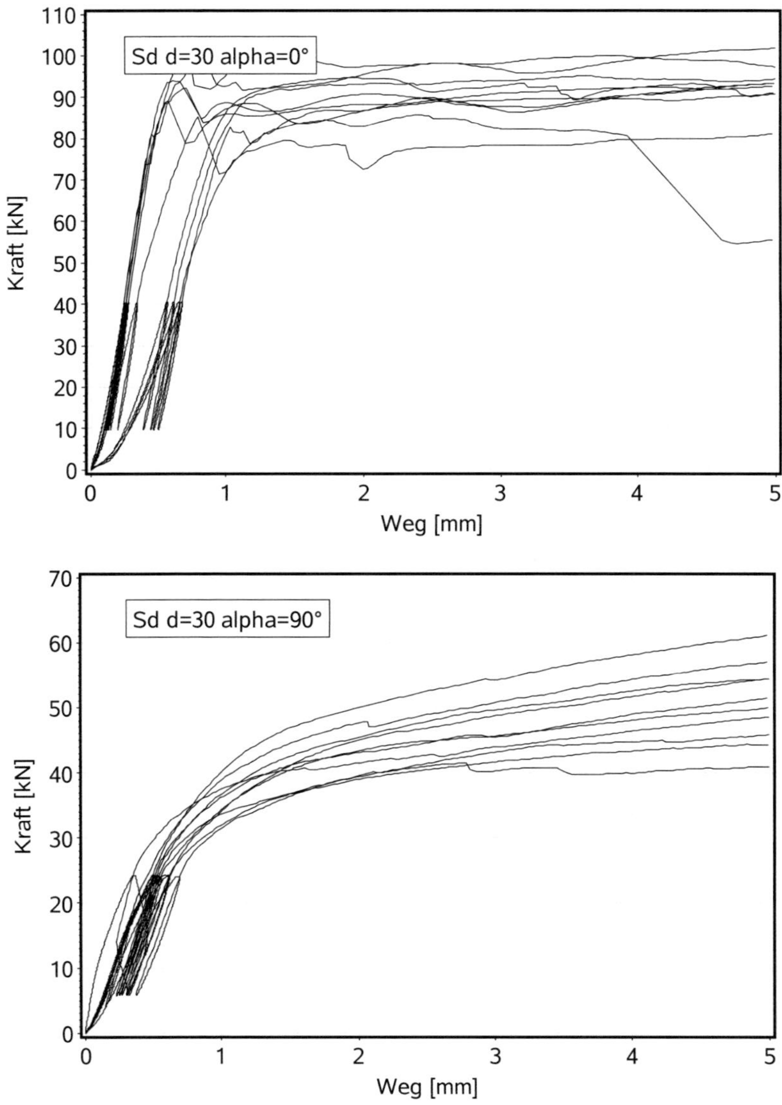

Bild 8-3   (Forts.) Lochleibungsversuche mit aRK

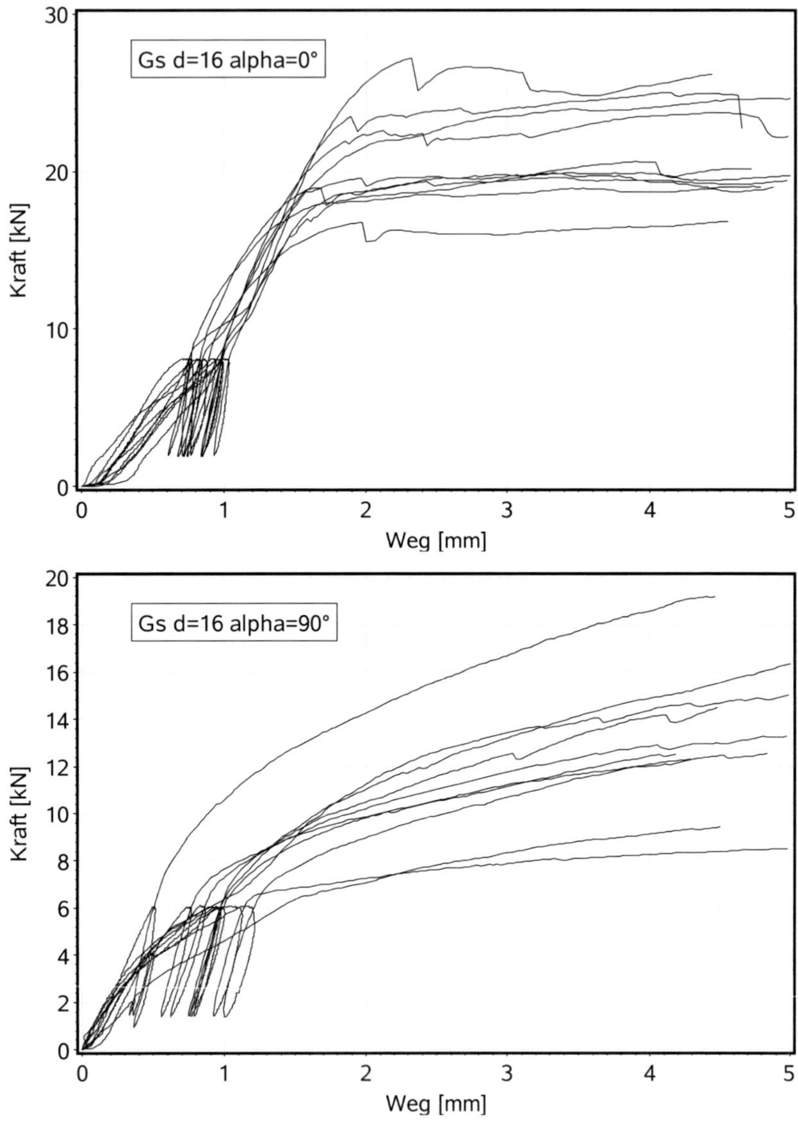

Bild 8-3   (Forts.) Lochleibungsversuche mit aRK

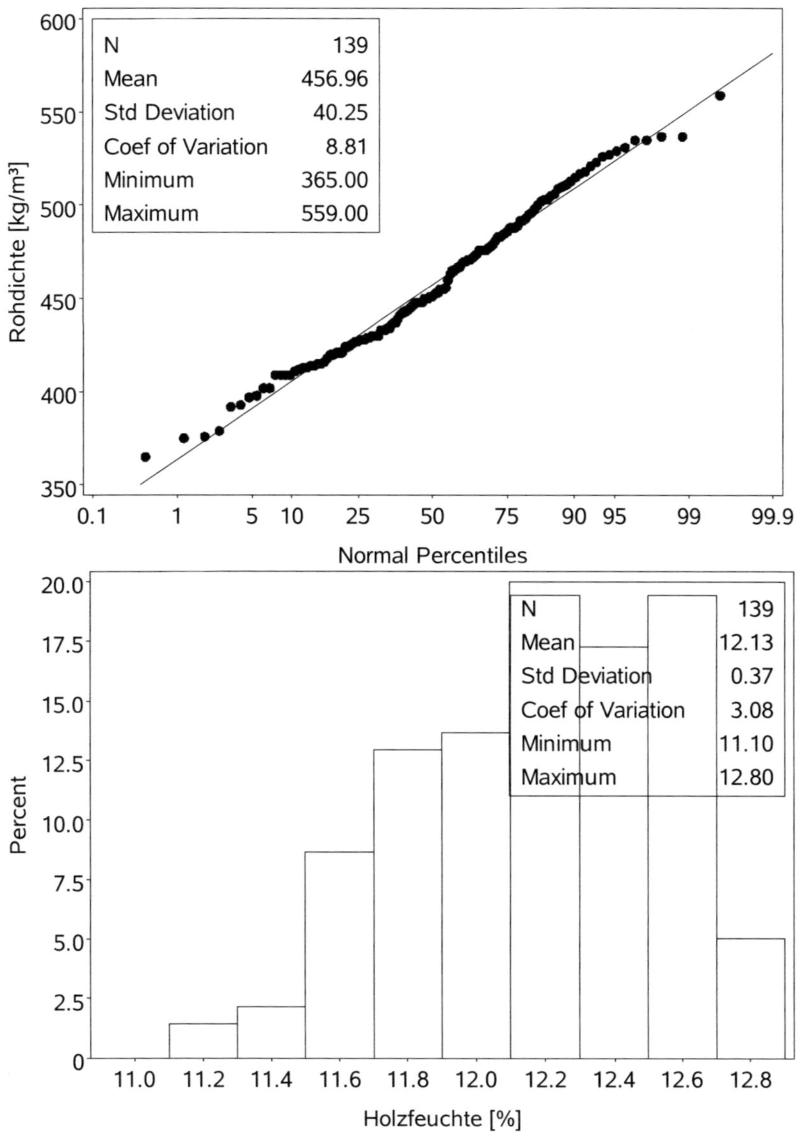

Bild 8-4   *Lochleibungsversuche mit uRK: Verteilung der Rohdichte (o.) und Häufigkeitsverteilung der Holzfeuchte (u.)*

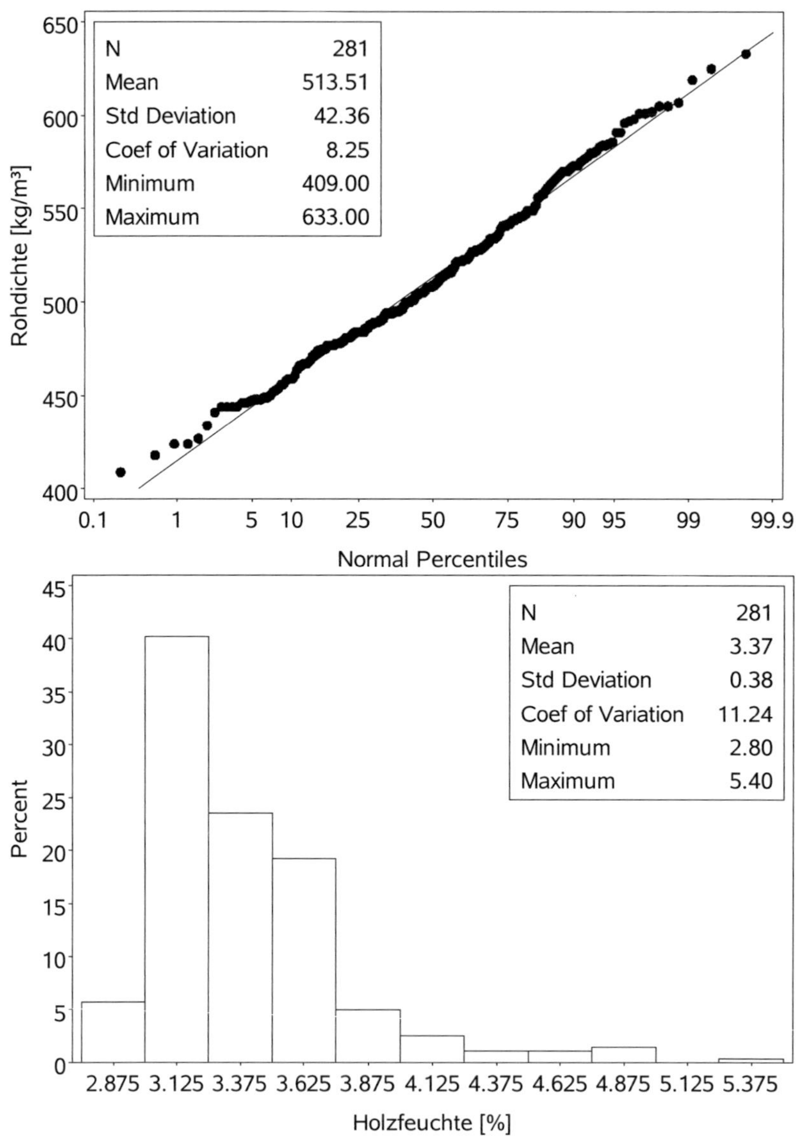

Bild 8-4   *(Forts.) Lochleibungsversuche mit aRK: Verteilung der Rohdichte (o.) und Häufigkeitsverteilung der Holzfeuchte (u.)*

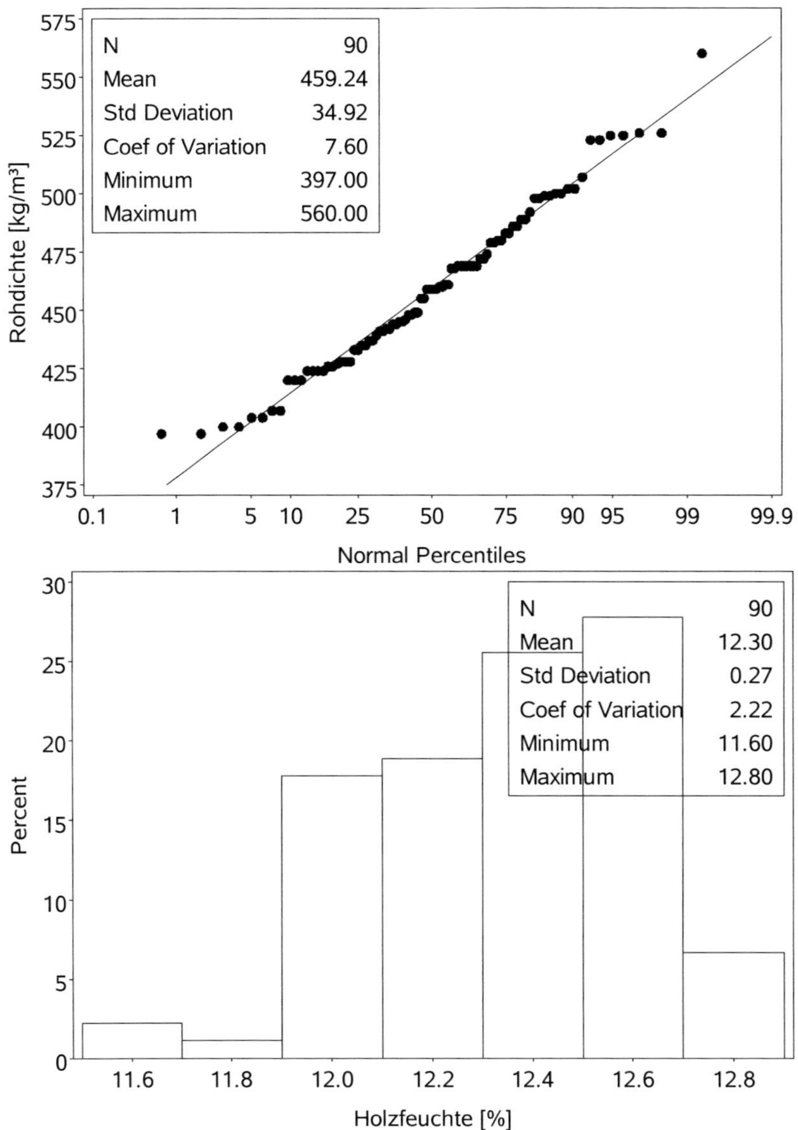

Bild 8-5   Ausziehversuche mit uRK: Verteilung der Rohdichte (o.) und Häufigkeitsverteilung der Holzfeuchte (u.)

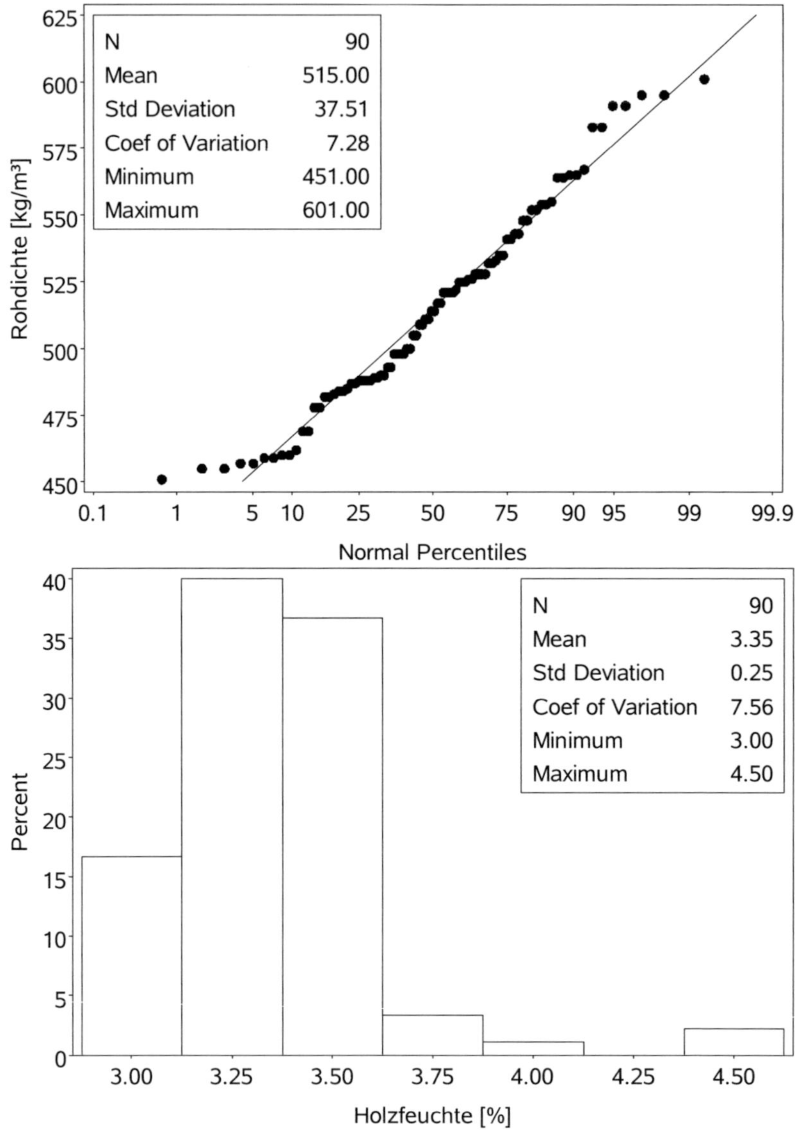

Bild 8-5   (Forts.) Ausziehversuche mit aRK: Verteilung der Rohdichte (o.) und Häufigkeitsverteilung der Holzfeuchte (u.)

Bild 8-6   *Ankernägel, d = 4 mm, α = 0° (ℓ.) und α = 90° (r.)*

Bild 8-6   *(Forts.) Schrauben, d = 8 mm, α = 0°, ohne (ℓ.) und mit Spalten (r.)*

Bild 8-6   *(Forts.) Schrauben, d = 8 mm, α = 90°, Formen des Lochleibungs-*
              versagens

*Bild 8-6   (Forts.) Schrauben, d = 12 mm, α = 0°, teilweises (ℓ.)
und vollständiges Spalten (r.)*

*Bild 8-6   (Forts.) Schrauben, d = 12 mm, α = 90°, Formen des
Lochleibungsversagens*

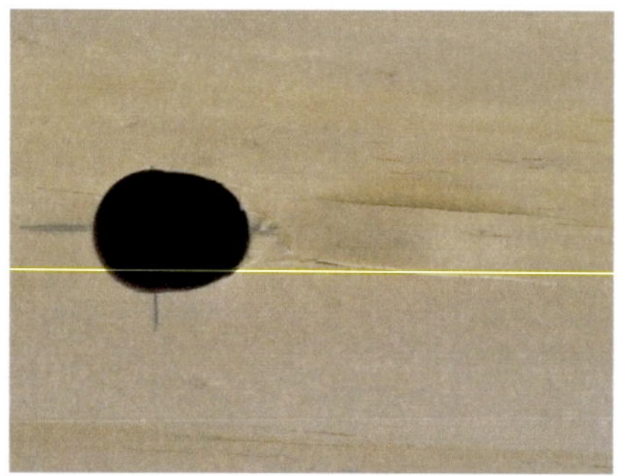

*Bild 8-6   (Forts.) Stabdübel, d = 16 mm, α = 0°, unverstärkt (ℓ.) und
verstärkt (r.)*

Bild 8-6   *(Forts.) Stabdübel, d = 16 mm, α = 90°, Formen des*
                    Lochleibungsversagens

Bild 8-6   *(Forts.) Gewindestangen, d = 16 mm, α = 0° (ℓ.) und α = 90° (r.)*

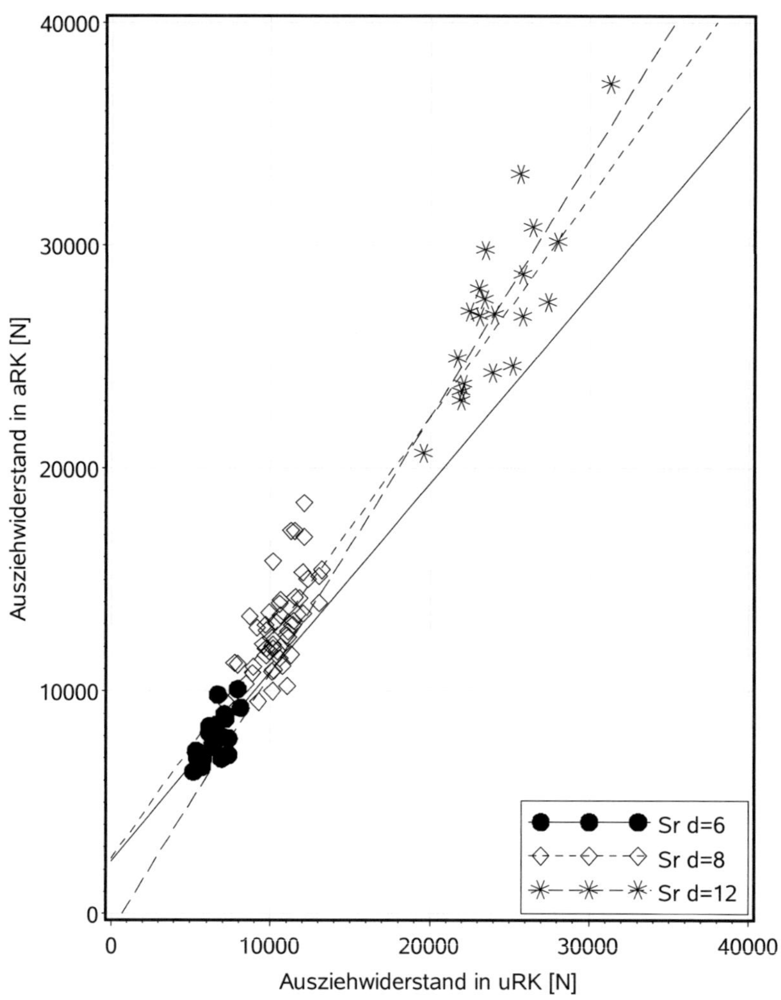

Bild 8-7   Ausziehwiderstände von Schrauben: Einfluss der Acetylierung

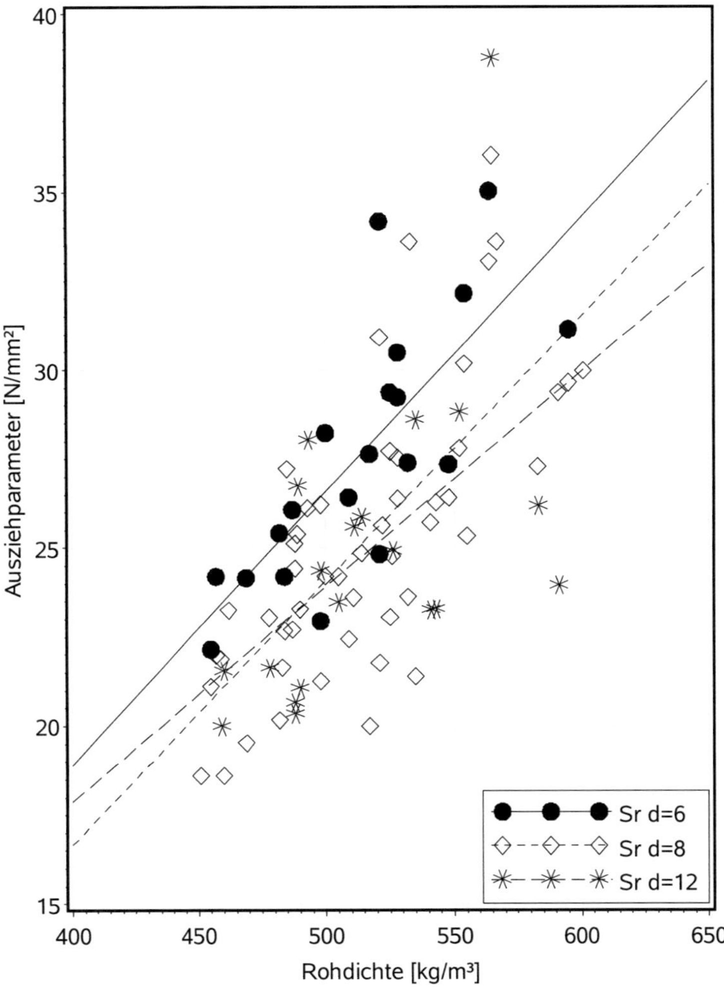

Bild 8-8   Ausziehparameter und Rohdichte, aRK

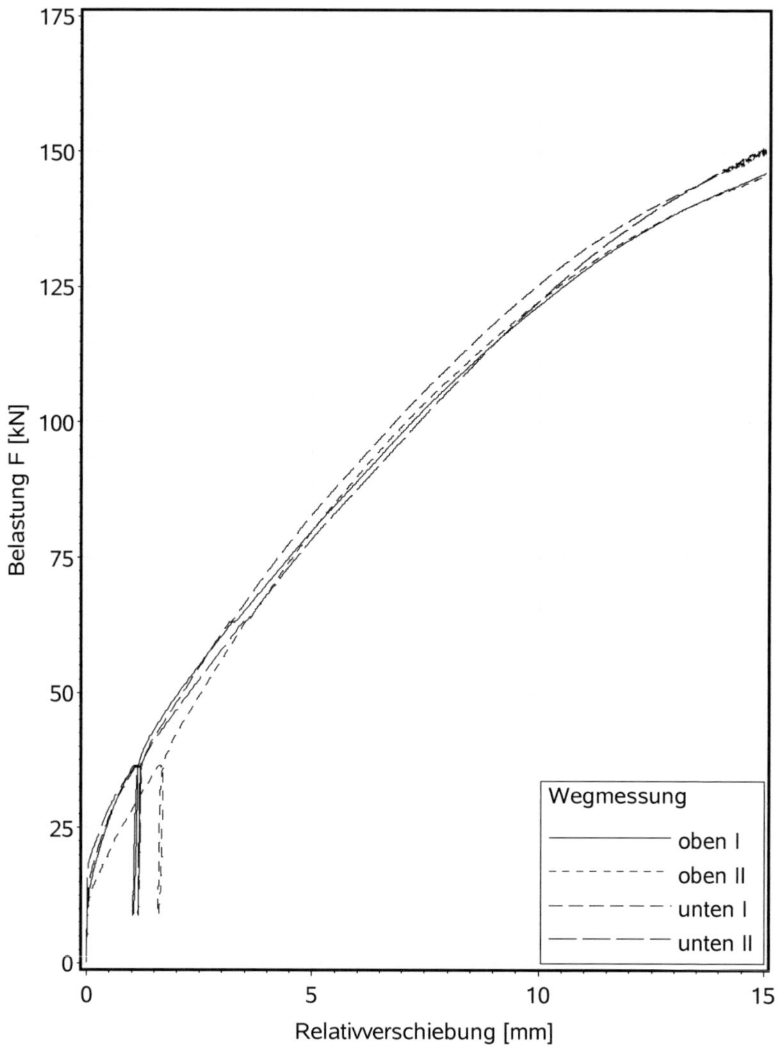

Bild 8-9 a   R1/1: Last-Verschiebungs-Kurven

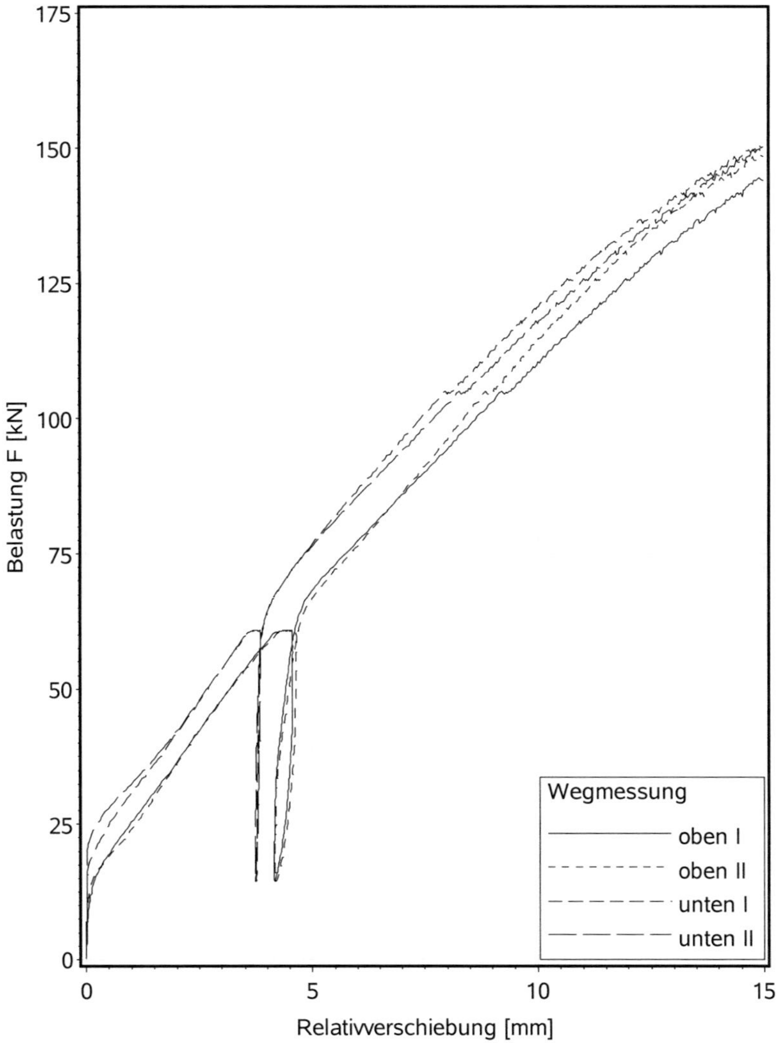

Bild 8-9 a   (Forts.) R1/2: Last-Verschiebungs-Kurven

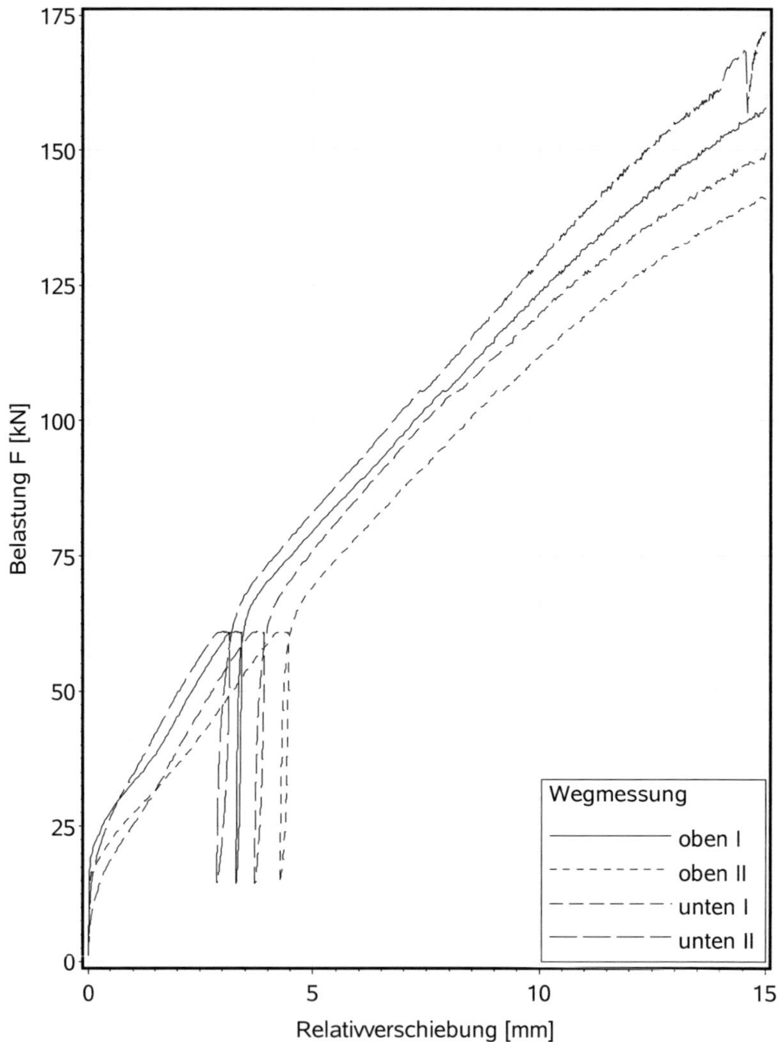

Bild 8-9 a   (Forts.) R1/3: Last-Verschiebungs-Kurven

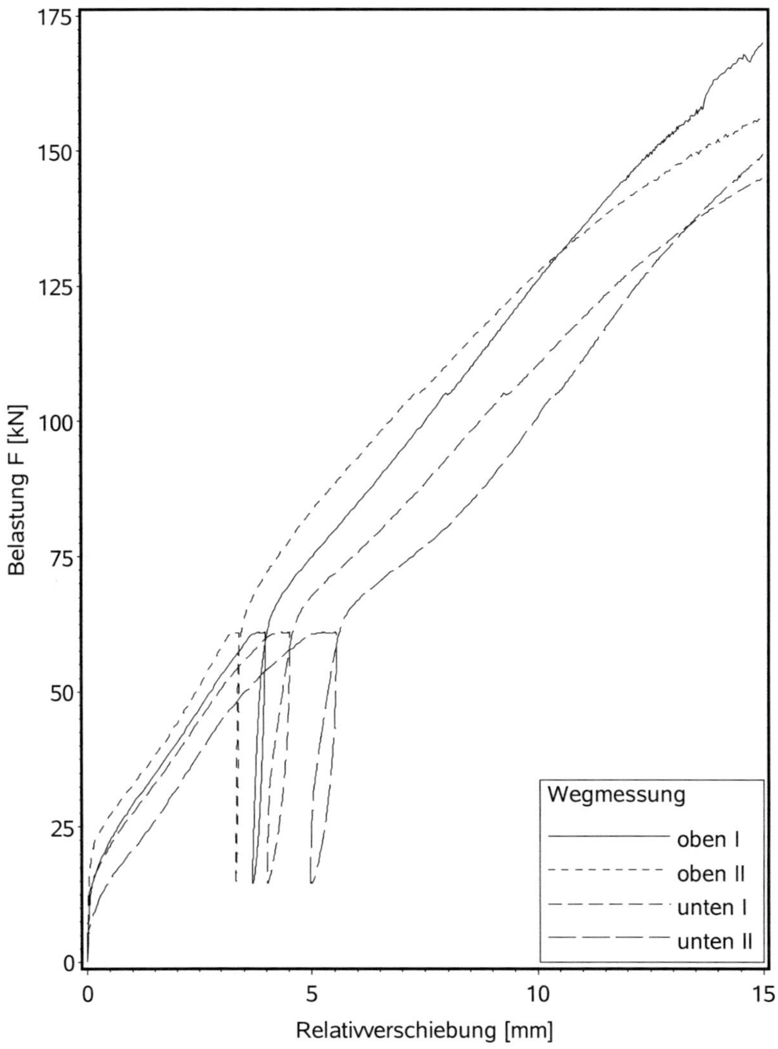

Bild 8-9 a   (Forts.) R1/4: Last-Verschiebungs-Kurven

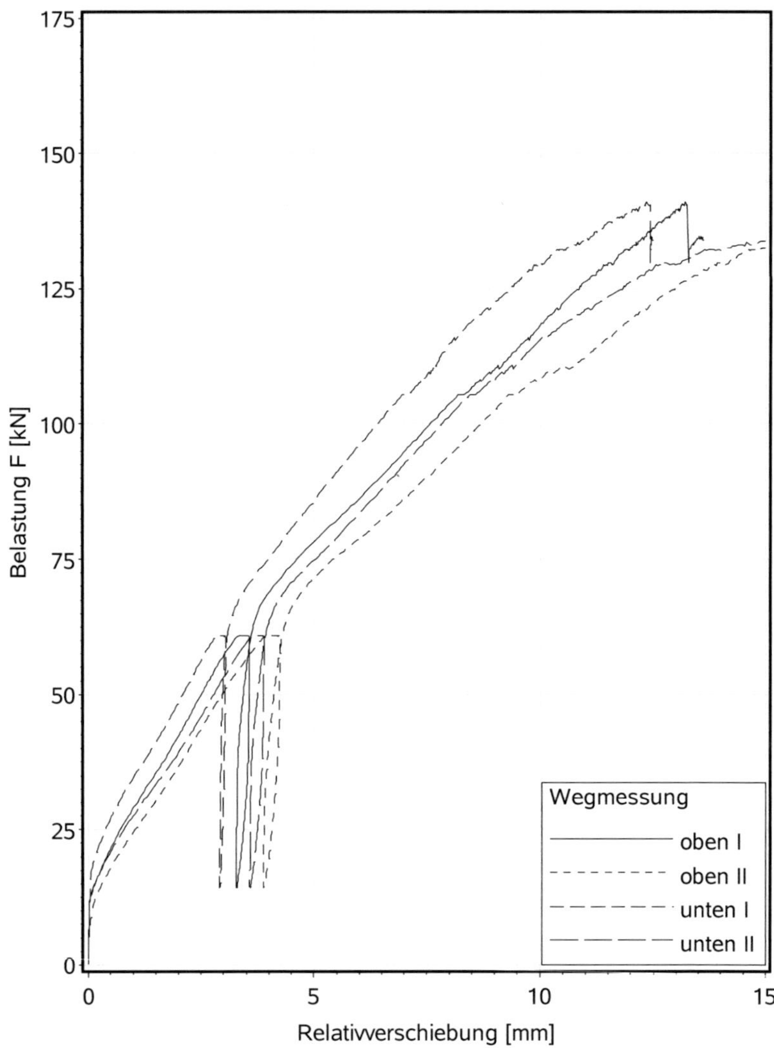

Bild 8-9 a   (Forts.) R1/5: Last-Verschiebungs-Kurven

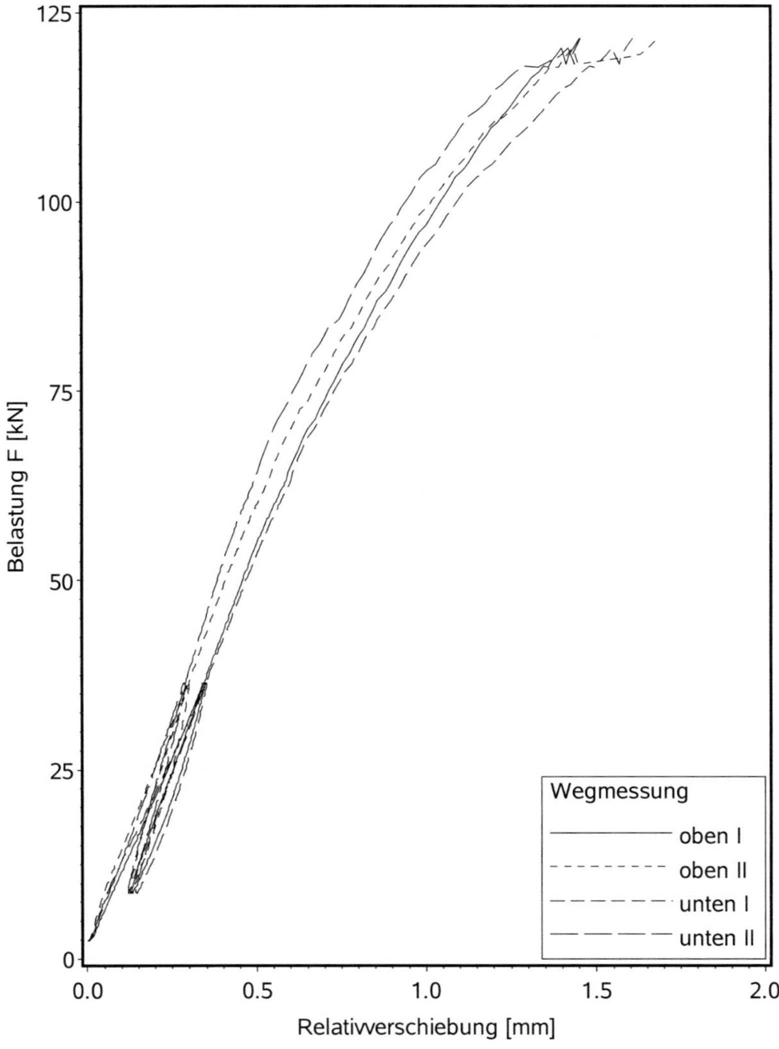

Bild 8-9 b   R2/1: Last-Verschiebungs-Kurven

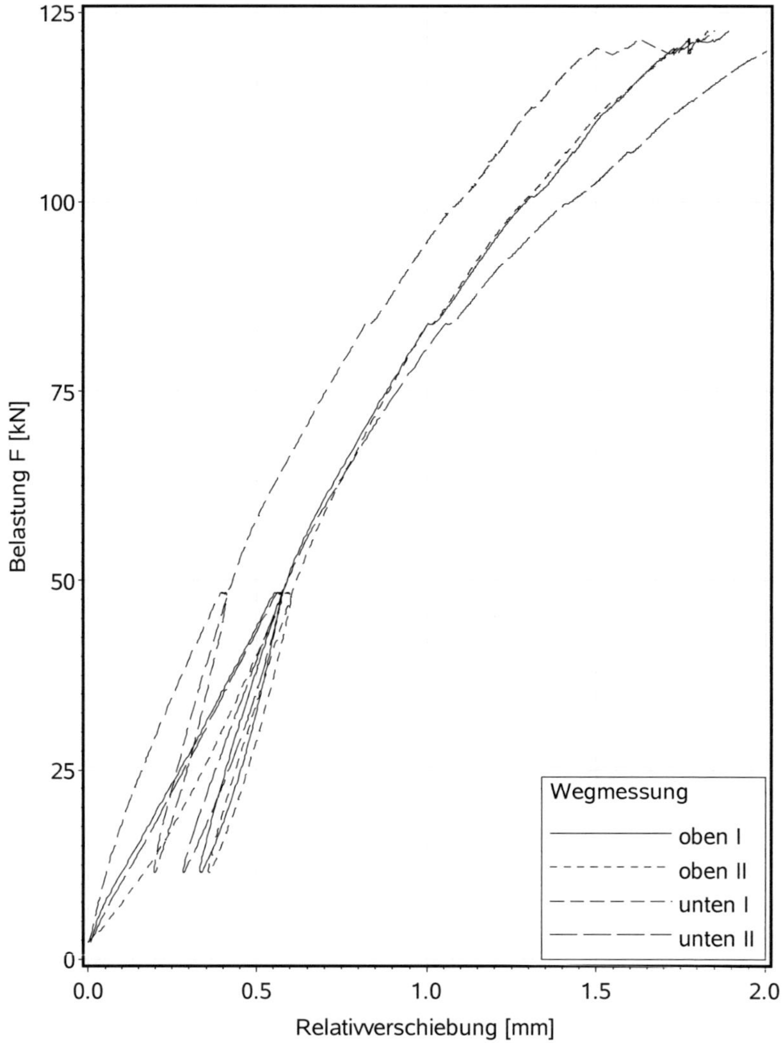

Bild 8-9 b   (Forts.) R2/2: Last-Verschiebungs-Kurven

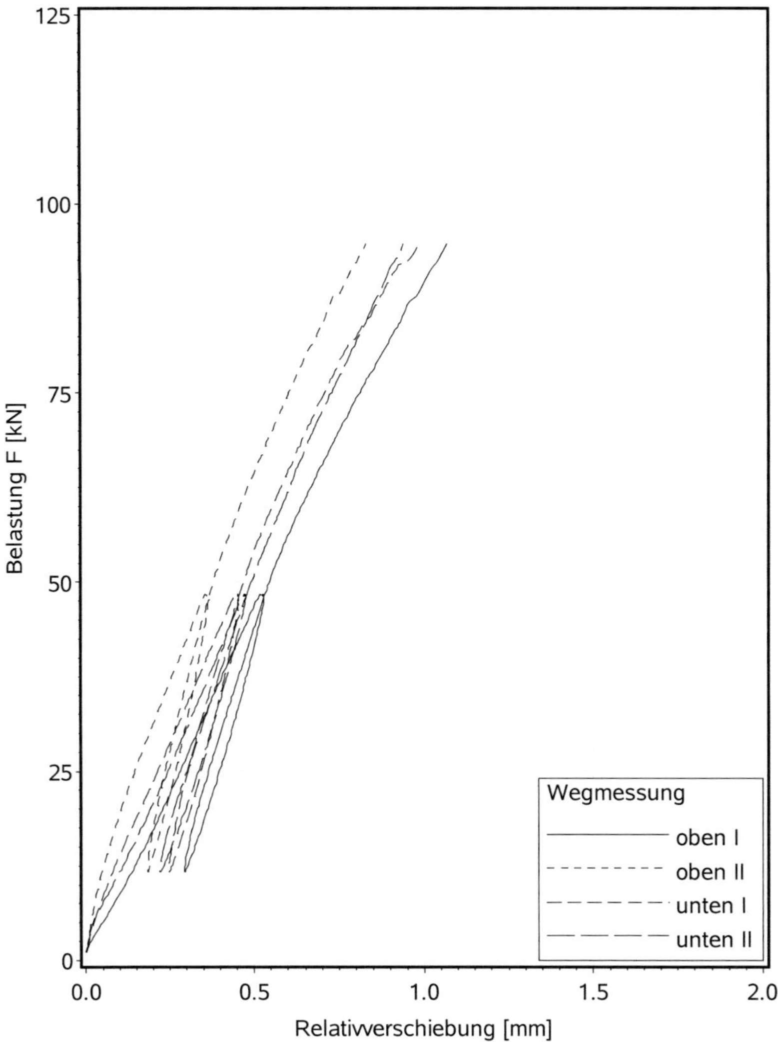

Bild 8-9 b   (Forts.) R2/3: Last-Verschiebungs-Kurven

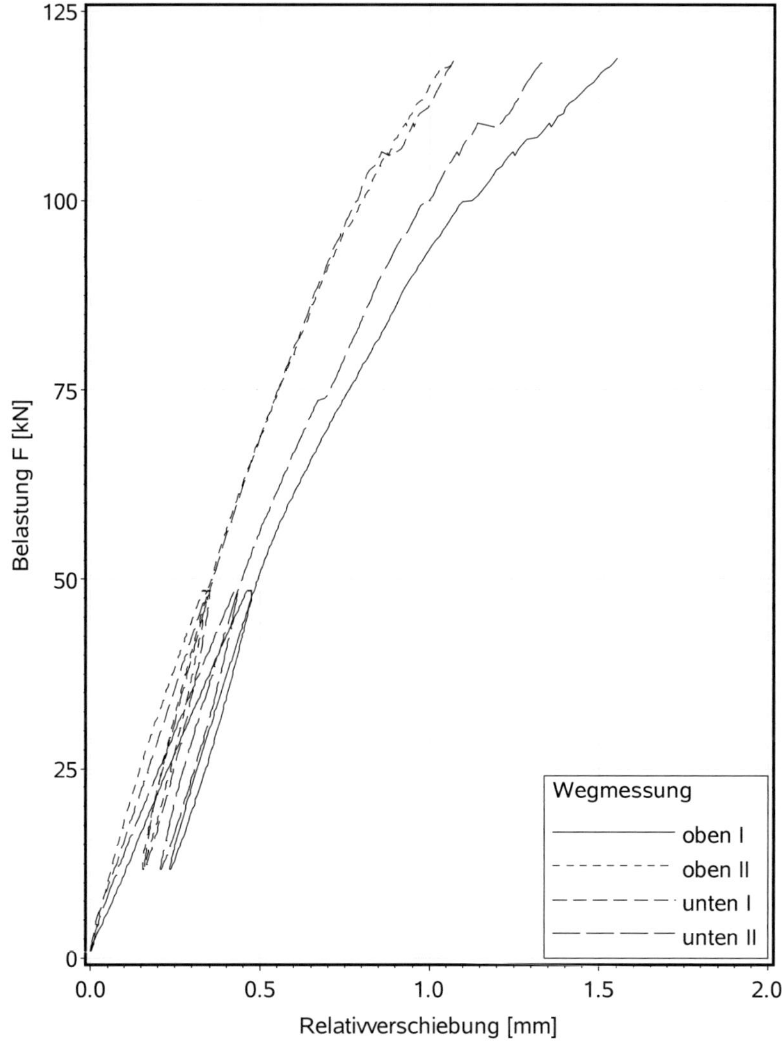

Bild 8-9 b   (Forts.) R2/4: Last-Verschiebungs-Kurven

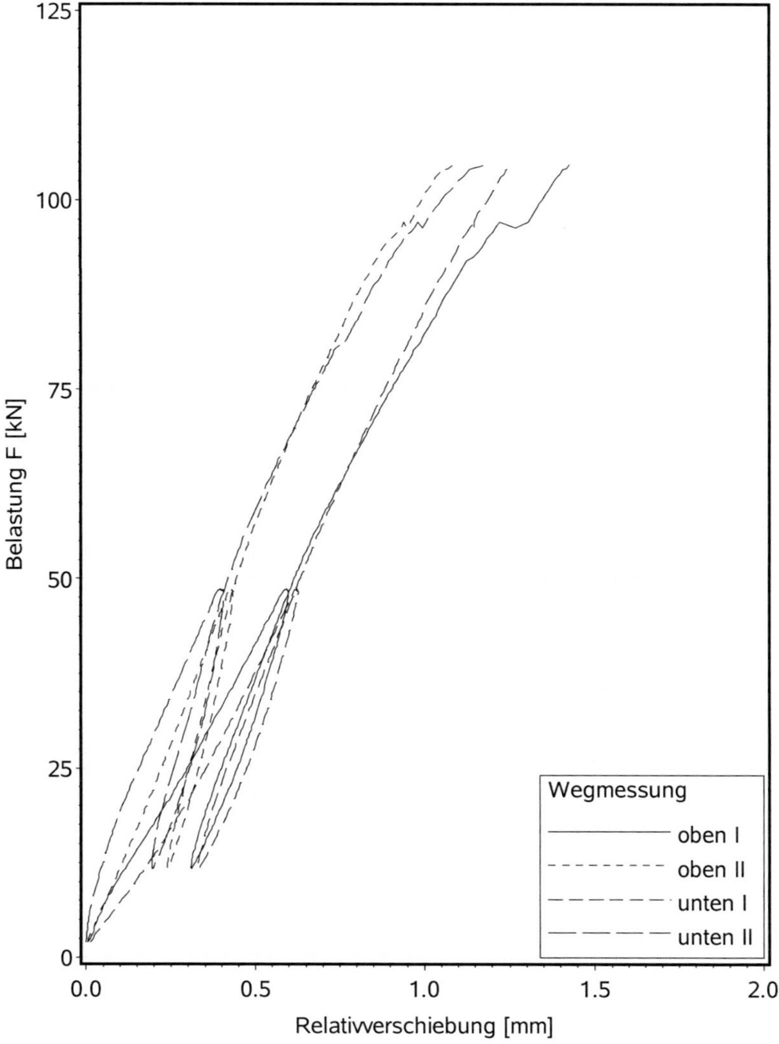

Bild 8-9 b   (Forts.) R2/5: Last-Verschiebungs-Kurven

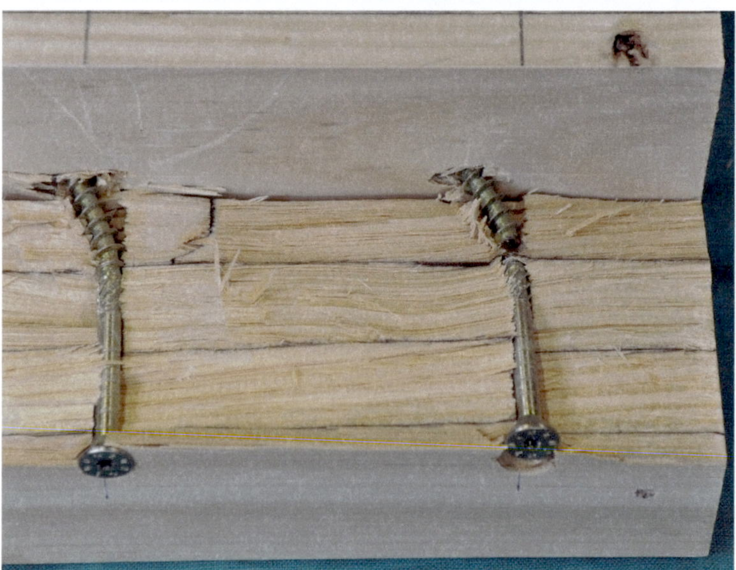

Bild 8-10   *Geöffneter Prüfkörper der Reihe R1: zwei linke (o.) und zwei rechte Schrauben (u.) aus derselben Verbindung*

Bild 8-11   Prüfkörper der Reihe R2: von oben (o. ℓ.) bis unten (o. r.) vollständig gespaltene Seitenlasche und teilweise gespaltene Seitenla-
schen (u. ℓ. und u. r.)